Lokalbahnromantik im südlichen Tirol

Meinen Freunden,
den Eisenbahnfotopionieren Fritz Domesle, Alfred Luft
und Peter Willen, gewidmet.

SUTTON

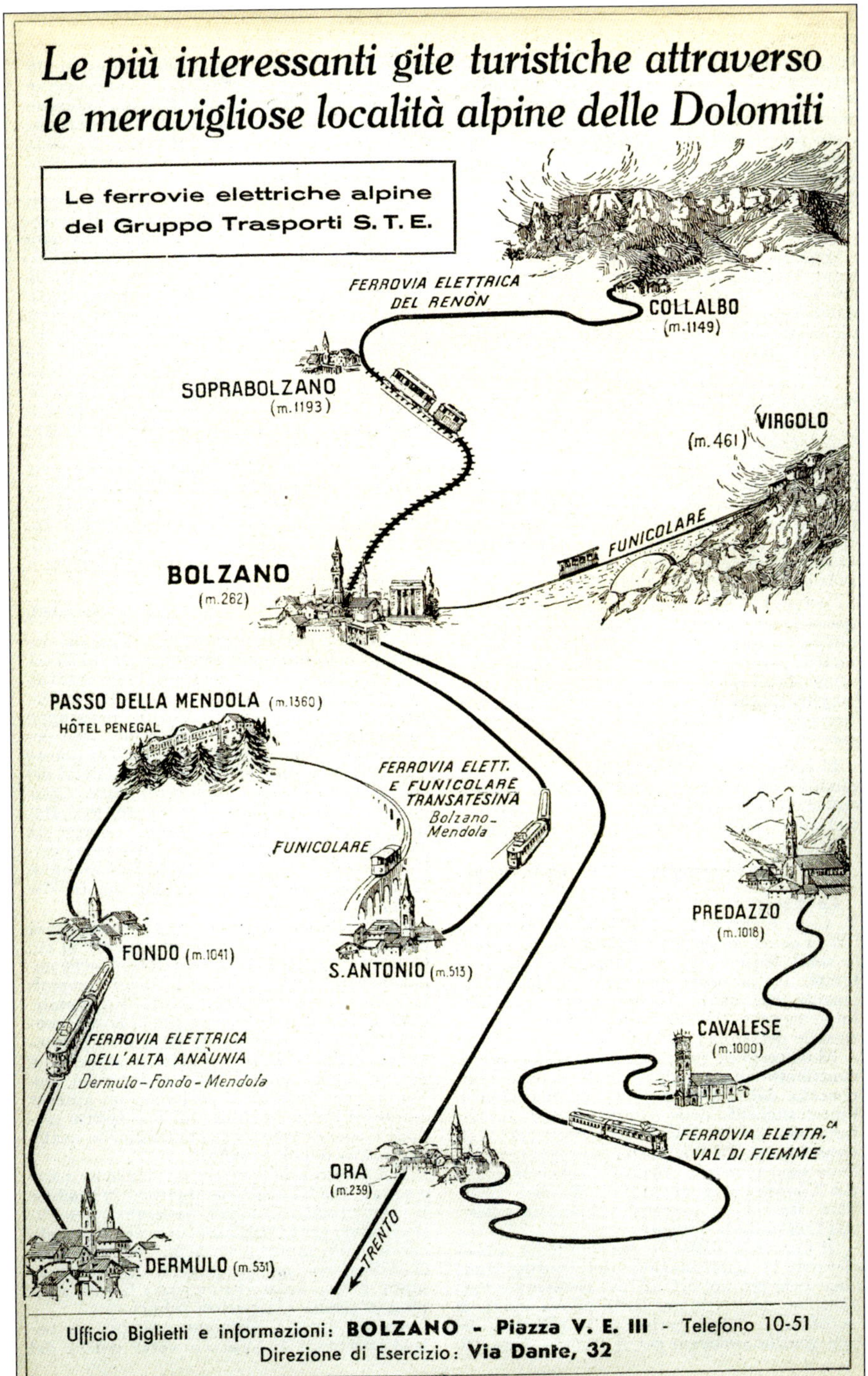

Ein historisches Werbeplakat der Società Trentina d'Elettricità (STE) vom Anfang der 1930er-Jahre. Damals waren unter der Obhut dieser prosperierenden Bahngesellschaft alle im Bozner Raum situierten Bahnen vereint. Trotz Bemühungen schaffte die STE eine Modernisierung der Bahnen nicht und gab die damals noch vorhandenen Bahnen an die F.E.A.R. ab.

Günter Denoth

AUF SCHIENEN UNTERWEGS

Lokalbahnromantik im südlichen
Tirol

SUTTON

Danksagung

An dieser Stelle darf ich unseren aufrichtigen Dank all jenen ausdrücken, die in herzlicher Zusammenarbeit dieses gemeinsame Werk mit ihren wunderbaren Aufnahmen vergangener Tage unterstützt haben.

An erster Stelle möchte ich besonders herzlich meinen Eisenbahnfreunden Fritz Domesle, Alfred Luft und Peter Willen danken, die das Feuer für ein solches Buch geweckt haben und mit denen ich viele Stunden über Erlebnisse vergangener Tage bei den Lokalbahnen des südlichen Tirol reden durfte und die mir bereitwillig viele ihrer schönen Aufnahmen für ein solches Buch überlassen haben.

Sie haben mir die Augen geöffnet und mein Verständnis geschärft. Anhand ihrer Erlebnisse, die, auf Hunderten schöner Bilder festgehalten, heute noch unser Herz erfreuen, möchte ich versuchen, einen umfassenden Überblick der großteils vergessenen Bahnen zu geben und diese in verschiedenen Epochen und Blickwinkeln betrachten. Und das Unterfangen wirkt umso schwieriger, wenn man sich die damalige Mobilität, ausgedünnte Fahrpläne, teilweise Fotografierverbote, kaum zu erhaltende Information und sehr beschränkte Möglichkeiten vor Augen führt.

Weiters darf mein Dank allen weiteren Fotopionieren gelten, die in uneigennütziger Weise diverse Aufnahmen dem Verkehrsarchiv Tirol für diese Publikation zur Verfügung gestellt und damit erst diesen breit gefächerten Band ermöglicht haben. Folgenden Fotografen, Leihgebern und Organisationen sei für ihre großartigen Aufnahmen gedankt, die dieses Buch bereichern:

Gotthard Andergassen, Klaus Demar, Albert Ditterich, Fritz Domesle, Mario Forni, Michel Grandguillaume, Werner Hardmeier, Rolf Hafke, Harald Herrmann, Josef Hlavač, Theodor Horn, Joachim Knupfer, Alfred Luft, Charles-Leon Mayer, A. Perego, Helmut Petrovitsch, Francesco Pozzato, Wolfgang R. Reimann, Axel Reuther, Peter Studer, Verband Deutscher Verkehrsamateure, Sammlung Verkehrsarchiv Tirol, Peter Willen und Christian Zellweger.

Ein herzlicher Dank ergeht auch an die Bediensteten der noch in Betrieb stehenden Lokalbahnen des südlichen Tirol, die so manche Aufnahme dieses Buches erst möglich machten und mit viel Verständnis unseren Anliegen gegenüberstehen.

Schließlich möchte ich meiner Frau Magdalena Kapferer ganz herzlich für ihre Unterstützung danken.

Vergessene Vergangenheit – moderne Zukunft

Die Lokalbahnen des südlichen Tirol im Wandel der Zeit

Einer der Ausgangspunkte des Tourismus in den Alpen war das Gebirgsland Tirol, und hier insbesondere der Süden vom Brenner bis zum Gardasee. Kur- und Erholungsreisen der adeligen und betuchten Bevölkerungsschichten, vor allem der k. u. k. Monarchie, ließen – zusammen mit dem Wunsch der etwas abgelegeneren Gebiete nach Anschluss an die „große weite Welt" – die Erschließung dieser Regionen mit dem neuen Verkehrsmittel Eisenbahn gedeihen. Dabei spiegeln die jeweiligen Bahnen den in ihrem Errichtungszeitraum gültigen und modernen Zugang zur Materie Eisenbahn wider: von den Dampf-Schmalspurbahnen über moderne elektrische Lokalbahnen bis hin zu atemberaubenden Alpenbahnen, deren Pläne zwar weit in die Eisenbahngeschichte zurückreichen, deren Vater letztlich aber doch der große Krieg war, der auch zur Zerreißung Tirols geführt hat.

Unter diesen verschiedenen Ansätzen erlebten Sommerfrische-Regionen einen blühenden Aufschwung. In den besten Jahren des Lokalbahnwesens im südlichen Tirol erschlossen bis zu 17 Lokalbahnen die diversen Regionen nachhaltig und wurden mit ihren bunten Zügen Sinnbild ganzer Talschaften.

So kometenhaft der Aufstieg war, so meteoritenhaft war das Ende der vielen Lokalbahnen im südlichen Tirol. Oft von dubiosen Firmengeflechten übernommen, denen alles andere als ein gedeihlicher Betrieb der diversen Lokalbahnen am Herzen lag, setzte ab Mitte der 1930er-Jahre ein beispielloses Sterben der Lokalbahnen im südlichen Tirol ein, an dessen Ende nur wenige Bahnen wie durch ein Wunder überlebten. Diesen war es vergönnt, einen steinigen Weg in die Zukunft zu nehmen, der heute moderne Aushängeschilder der regionalen Mobilität hervorgebracht hat.

Erste Opfer des Lokalbahnsterbens waren noch der Wirtschaftskrise und den geänderten Verhältnissen im südlichen Tirol geschuldet, als in den 1930er-Jahren die Mori-Arco-Riva-Bahn und die Ferrovia elettrica locale dell'Alta Anaunia dem vorherrschenden Zeitgeist Platz machen mussten. Im Widerspruch dazu erlebten just in dieser Zeit andere Lokalbahnen, wie die Dolomitenbahn und die Fleimstalbahn, ihre größte Blüte, als sie elektrifiziert mit modernstem Wagenmaterial stilprägend für eine ganze Epoche waren.

Es waren folglich vor allem die stürmischen 1950er- und 1960er-Jahre, in deren wirtschaftlichem Aufschwung viele Bahnen – trotz eines zeitgemäßen Wagenparks – keinen Platz mehr zu haben schienen. Interessen abseits prosperierender Bahnlandschaften, obwohl und vielleicht auch gerade weil aus der Region ein Rückhalt kam, führten zu einer Einstellung der Bahnbetriebe im Rekordtempo – trotz teilweise zufriedenstellender Bilanzen. In den schlimmsten Jahren zwischen 1957 und 1964 wurde ein Großteil der Lokalbahnen meist mit dem Argument, dass Autobusse billiger seien, geopfert – man mag sich fragen, ob angesichts der Interessenskonflikte mancher Beteiligten dies immer das einzige Argument für das schnelle Ende der Lokalbahnen war.

Wie durch ein Wunder überlebten in dieser bahnfeindlichen Zeit einige wenige Lokalbahnen. Nicht weil damals ein Sinneswandel eingesetzt hätte, vielmehr dank des Ungehorsams verdienter Bürger, die sich gegen diese Entwicklung stellten und massiv, auch mit politischem Druck, den Erhalt der verbliebenen Bahnen forderten. So bleibt ein Wahlspruch des Vinschgaues in den 1990er-Jahren Sinnbild für diesen Aufstand, der letztlich für eine Kehrtwende sorgte: „Kein Zug, keine Stimmen".

Heute sind die verbliebenen vier Lokalbahnen im südlichen Tirol topmodern ausgestattet und schließen mit ihrem Vorzeigecharakter an vergangene Zeiten an: die wieder auferstandene Vinschgerbahn und die unter modernen Gesichtspunkten praktisch neu trassierte Trient-Malè-Bahn sind zum Inbegriff moderner Regionalschnellbahnen geworden, die Bozen-Meraner-Bahn präsentiert sich modernisiert als Pulsader zwischen zwei Ballungsräumen und die lange um ihr Überleben kämpfende Rittnerbahn zeigt heute eindrucksvoll die Verbindung zwischen Technikjuwel und Moderne.

Es bleibt zu hoffen, dass diesen eindrucksvollen Beispielen viele weitere folgen mögen und man die abstruse Zeit des Bahnsterbens mit einer neuen Gründerzeitepoche vergessen machen kann. Abseits fragwürdiger Verkehrsprojekte harren sinnvolle topmoderne Bahnerschließungen der nach wie vor touristisch geprägten Talschaften einer Umsetzung: sei es eine Dolomitenbahn, eine Grödnerbahn oder nicht zuletzt eine sinnvolle Symbiose zwischen Bozner Stadtbahn und einer Regionalschnellbahn ins Überetsch.
Tempora mutantur – die Zukunft hat begonnen!

Bildnachweis

Peter Boehm, Sammlung Axel Reuther: Seite 91o; Michael Breitenschwerdt: 20o; Sammlung Klaus Demar: 36o, 42o, 43o, 44o, 46o; Günter Denoth: 11u, 20u, 26o/u, 27o/u, 28o/u, 40o/u, 56u, 63o/u, 64o/u, 70o/u, 80u, 92u; Albert Ditterich: 11o, 38o/u, 95 (Übersichtskarte); Fritz Domesle: 24u, 25u, 34u, 37o, 55o/u, 77u, 78o, 80o, 92o; Mario Forni: 14o/u; Michel Grandguillaume: 60u; Werner Hardmeier: 62u; Sammlung Harald Herrmann: 33u, 44u, 52o/u, 53o; Sammlung Josef Hlavač: 17o, 43u; Sammlung Heimatschutzverein Kaltern: 16o/u, 68u, 69u; Theodor Horn: 86; Alfons Lemmel, Sammlung Harald Herrmann: 58o, 59u, 60o; Alfred Luft: 10u, 18o/u, 25o, 54o/u, 74u, 79o, 83u, 84o/u, 89u; Charles-Leon Mayer: 37u; Heinz Meyer: 74o; Karl Meyer: 19o; Harald Navé: 76o, 79u; A. Perego: 56o; Helmut Petrovitsch: 39o/u; Francesco Pozzato: 73o, 85o/u; J.H. Price, Sammlung VDVA: 50o/u; Sammlung Axel Reuther: 53u; Peter Studer: 62o; Sammlung Verkehrsarchiv Tirol: 10o, 12o/u, 13o/u, 17u, 22o/u, 23, 24o, 30o/u, 31o/u, 32o/u, 33o, 34o, 36u, 42u, 46u, 47o/u, 48o/u, 49o/u, 58u, 59o, 66o/u, 67o/u, 68o, 69o, 72o/u, 73u, 76u, 77o, 78u, 82o/u, 83o, 88o/u, 89o, 90o/u; Peter Willen: 19u, 61o/u, 91u.

1

Im Zeichen des Tourismus

Frühe Lokalbahnen im südlichen Tirol

Durch den Tourismus bedingt entstanden im südlichen Tirol noch in der zweiten Hälfte des 19. Jahrhunderts die ersten Lokalbahnen. Es waren aufstrebende Kurorte, die nach Anschluss an die weite Welt suchten.

Auf Grundlage einer neuen Lokalbahngesetzgebung konnten nunmehr Bahnen entstehen, die, auf die regionalen Bedürfnisse abgestimmt, unter vereinfachten Baunormen errichtet werden konnten.

Als erste Lokalbahn im südlichen Tirol und zugleich auch als erste nach den neuen Lokalbahngesetzen genehmigte Bahn der k. u. k. Monarchie konnte die knapp 31 Kilometer lange, normalspurige private Bozen-Meraner-Bahn am 4. Oktober 1881 eröffnet werden. Damit wurde auch der Grundstein für den Aufstieg der aufstrebenden Kurstadt gelegt. Später verstaatlicht und 1934 mit dem damals in Südtirol gebräuchlichen Drehstrom von 3.700 Volt elektrifiziert, mutierte die Bahn immer mehr zu einer vollwertigen Eisenbahn. 1952 wurde sie schließlich auf 3.000 Volt Gleichstrom umgestellt und ist heute eine der Nahverkehrsadern des Landes Südtirol, das dies mit dem Einsatz neuer Teilniederflurtriebwagen unter dem Titel „Südtirol Bahn“ unterstreicht.

Bereits wenige Jahre nach der Bozen-Meraner-Bahn wurde am 28. Juni 1891 die mit bosnischer Spurweite von 760 Millimetern errichtete, 24,2 Kilometer lange Lokalbahn von der Südbahnstation Mori über den San-Giovanni-Pass nach Riva am Gardasee eröffnet. Diese als Ferrovia Mori–Arco–Riva bezeichnete Lokalbahn wurde zum Lebensnerv der Region des nördlichen Gardasees und stellte einen unverzichtbaren Anschluss an die Haupteisenbahn Verona–Bozen dar. Schwer durch die Kampfhandlungen des Ersten Weltkriegs gezeichnet, gelang 1920 unter der Regie der Ferrovie dello Stato (F.S.) der Neuanfang dieser Bahnlinie, der aber nur kurz währte. Obwohl die Bahnlinie am 18. Mai 1925 um 4,3 Kilometer von Mori nach Rovereto verlängert wurde und 1929 noch eine Elektrifizierung angedacht war, konnte dies das nahende Ende nicht verhindern. Die Bahn wurde schließlich mit 21. Oktober 1936 endgültig eingestellt.

Noch vor 1900 konnte in ihrem ersten Teilstück auch die normalspurige Valsuganabahn zwischen Trient und Tezze gebaut und am 26. April 1896 feierlich in Betrieb genommen werden. Durch den weiteren Ausbau in den Jahren 1908 bis 1910 und den endgültigen Lückenschluss zwischen Italien und Welschtirol wurde die einstige Stichbahn zu einer vollwertigen Verbindung zwischen Trient und Venedig aufgewertet. Heute ist die Valsuganabahn, die mittlerweile mit modernen violett-weißen Minuetto-Dieseltriebwagen in Kooperation zwischen F.S. und Trentino Trasporti betrieben wird, ein wichtiges Rückgrat des Personennahverkehrs im Trentino.

Schließlich wurde am 5. August 1906 die Ferrovia della Retta eröffnet. Bekannt wurde sie durch die 90-Grad-Gleiskreuzung mit der FTM in Mezzocorona. Diese geheimnisvolle und wenig bekannte Lokalbahn ist heute längst verschwunden, wiewohl sich da und dort noch Gleisreste finden.

Die Bozen-Meraner-Bahn Lokomotive Nr. 2 „Vinschgau", die spätere F.S. 899 007 passiert mit ihrem Zug um 1900 die Passerbrücke in Meran. Die Bozen-Meraner-Bahn Lokomotive Nr. 1 „Meran" befindet sich heute als Schaustück im Italienischen Eisenbahnmuseum Pietrasa bei Neapel.

Die E 626 010 der F.S. hält am 6. September 1958 mit ihrem bunten Wagensatz im Bahnhof Meran-Sinnich. Man beachte die nunmehr zusammengeschobenen Fahrleitungsdrähte – ein letztes Relikt aus Zeiten der Drehstromelektrifizierung vor 1952.

Jahrzehntelang waren die braunen „Zigarren"-Triebwagen des F.S.-Typs ALe 840 Inbegriff für den von den F.S. betriebenen Nahverkehr in Südtirol und entsprechend mit vielen Ressentiments behaftet. Bereits in heruntergekommenem Zustand fährt eine Garnitur mit Steuerwagen am 15. Mai 1989 aus dem Bahnhof Sigmundskron aus.

Innerhalb der letzten Jahre kam es zu einem markanten Wandel im schienengebundenen Südtiroler Nahverkehr: Das Land Südtirol kaufte vier- und sechsteilige FLIRT-Triebwagen bei Stadler, die den Nahverkehr modernisierten. Im Bahnhof Bozen sehen wir am 24. Februar 2009 den noch neuen ETR 155 002 abfahrtsbereit nach Meran.

Die erste schmalspurige Lokalbahn im südlichen Tirol, die Mori-Arco-Riva-Bahn, die das Etschtal mit dem nördlichen Gardasee verband, verkehrte durch teils spektakuläre Landschaft. Hier sehen wir eine Garnitur mit den typischen Langkessel-U-Dampflokomotiven um 1900 bei den heute ausgetrockneten Loppio-Seen.

Vom S.-Giovanni-Pass absteigend Richtung Bahnhof Nago-Torbole sehen wir um 1900 eine Garnitur der Lokalbahn Mori-Arco-Riva. Die Trasse war in großen Teilen in Straßenseitenlage errichtet worden. Die Bahn wurde 1936 nach nur etwas mehr als 40 Betriebsjahren endgültig stillgelegt.

Die Valsuganabahn, die Trient über Bassano del Grappa letztlich mit Venedig verbindet, weist im Bereich Trient einen spektakulären Anstieg Richtung Valsugana auf. Damals auf grüner Wiese, heute im Stadtbereich von Trient befindet sich auch ein gemauerter Viadukt. Ein Zug fährt um 1905 von Tezze kommend Richtung Trient.

Zur Eröffnung des zweiten Abschnitts der Valsuganabahn zwischen Bassano del Grappa und Primolano kamen am 21. Juli 1910 sowohl von italienischer als auch von österreichischer Seite Züge in den neuen Grenzbahnhof Primolano. Links der italienische Zug, rechts der österreichische Dampfzug mit k.k.St.B.-Reihe 229.

Die F.S.-Triebwagen der Baureihe ALn 668 prägten die Valsuganabahn viele Jahre lang. Am 13. Februar 1986 fährt eine Doppelgarnitur, bestehend aus ALn 668 1234 und ALn 668 1229, von Venedig kommend über den imposanten Viadukt in Trient (siehe Seite 13 oben) zum F.S.-Endbahnhof in Trient.

In Zusammenarbeit von F.S. und der Provinz Trentino wurde der Fuhrpark der Valsuganabahn erneuert. Heute fahren moderne Minuetto-Triebwagen, die zur besseren Wiedererkennung in den Farben violett-weiß der Trentino Trasporti gehalten sind, auf der lieblichen Lokalbahn – hier am 14. Jänner 2006 bei San Bartolomeo.

2

Von Bozen auf die Mendel

Die Überetscher- und Mendelbahn

Gegen Ende des 19. Jahrhunderts formierte sich um den Kalterer Bürgermeister Andreas di Pauli ein Interessenskomitee für die Errichtung einer Lokalbahn zwischen Sigmundskron bei Bozen und Kaltern. Die weitläufig als Überetsch bekannte Wein- und Obstbaulandschaft sollte einen zeitgemäßen Bahnanschluss erhalten, der sowohl die Anreise für die vielen Touristen als auch den Abtransport von Wein und Obst erleichtern sollte.

Im Laufe der Projektstudien legte man sich auf eine normalspurige Lokalbahn fest, die im Abschnitt Sigmundskron–Bozen die Gleise der bereits seit 1881 bestehenden Bozen-Meraner-Bahn mitbenützen sollte.

In erstaunlich kurzer Bauzeit konnte die etwas über zehn Kilometer lange Lokalbahn erstellt werden. Zusammen mit der 4,4 Kilometer langen Péagestrecke zwischen Bozen und Sigmundskron entstand eine 15 Kilometer lange Eisenbahnverbindung zwischen Bozen und Kaltern. Die mit Dampflokomotiven betriebene Bahnlinie konnte am 1. Dezember 1898 als vierte Lokalbahn des südlichen Tirol ihren Betrieb aufnehmen.

Mit der neuen Lokalbahn war der Anschluss an die weite Welt geschafft und bald plante man eine Fortsetzung der Überetscherbahn Richtung Mendelpass. Im August 1901 legte Viktor Emil Strub, ein Schweizer Bergbahnpionier, ein Gutachten zum Bau einer kurzen elektrischen Adhäsionsbahn und im Anschluss daran einer über zwei Kilometer langen Standseilbahn vor, der bereits im Folgejahr in Angriff genommen werden konnte. Diese beiden als Mendelbahn bezeichneten Bahnabschnitte wurden am 19. Oktober 1903 feierlich eröffnet und stellten zu diesem Zeitpunkt einen Superlativ dar: Es handelte sich zum einen um die erste elektrische Eisenbahn für Personentransport in Tirol und zum anderen um die steilste und längste Standseilbahn der Welt.

Aufgrund der guten Erfahrungen mit der elektrischen Mendel-Adhäsionsbahn ging man in den Jahren 1910 und 1911 daran, sowohl die Überetscherbahn als auch die Mendel-Adhäsionsbahn mit 1.200 Volt Gleichstrom zu elektrifizieren. In zwei Etappen wurde die Strecke am 3. Mai 1911 (Mendelbahn) und 14. September 1911 (Überetscherbahn) in Betrieb genommen. Aus Gründen der Elektrifizierung der Bozen-Meraner-Bahn wurde 1934 der Abschnitt Bozen–Sigmundskron anstelle der Fahrleitung mit einer Seitenstromschiene ausgestattet.

Mit Übernahme der Überetscher- und Mendelbahn durch die F.E.A.R. im Jahre 1954 kam es zu drastischen Einschnitten und der Stern der Bahnlinie begann zu sinken. Busse fuhren als Schienenersatzverkehr parallel zur Bahn und wenige Jahre später kam ein schnelles und jähes Ende: Am 1. August 1963 wurde der gesamte Personenverkehr zwischen Bozen, Kaltern und St. Anton stillgelegt und es verblieb nur mehr auf dem Abschnitt Kaltern–Bozen für wenige Jahre ein Güterverkehr, der von zwei Jenbacher Kleindiesellokomotiven des Typs DH 200-B-26 T bedient wurde. Schließlich wurde auch dieser mit 1. Mai 1971 eingestellt.

Nur kurz währte zwischen 1898 und 1911 der Dampfbetrieb auf der Überetscherbahn. Dafür waren zwei Dampflokomotiven der Südbahnreihe 32d mit den Nummern 1851 und 1852 vorhanden. Lok 1852 fährt mit ihrem Zug im Einschnitt zwischen Sigmundskron und Frangart nach Kaltern.

Bereits am 19. Oktober 1903 wurde als Verlängerung der Überetscherbahn die nur 2,2 Kilometer kurze Mendel-Adhäsionsbahn eröffnet, die den Bahnhof Kaltern mit der Talstation der Mendel-Standseilbahn verband. Triebwagen Nr. 2 erreicht in wenigen hundert Metern mit dem offenen Beiwagen Nr. 3 die Standseilbahn-Talstation.

Nachdem bereits am 3. Mai 1911 die Mendel-Adhäsionsbahn von 700 Volt auf 1.200 Volt Gleichstrom umgestellt worden war, folgte am 14. September 1911 die Einweihung des elektrischen Betriebes auf der Überetscherbahn. Im Bahnhof Eppan-Girlan, wo sich nunmehr auch die Umformerstation befand, zeigt sich eine elektrische Garnitur der Anfangszeit.

Dem wichtigen Güterverkehr geschuldet, verfügte der Bahnhof Eppan-Girlan über ein Anschlussgleis zur nahegelegenen Kellereigenossenschaft St. Michael-Eppan, wo sich ein Triebwagen zusammen mit einem DRG-Güterwagen Typ München, einem Schweizer Güterwagen und dem G^{ol} 515 der Überetscherbahn befindet.

Eine der raren Farbaufnahmen der Überetscherbahn zeigt den AC1 mit Baujahr 1903 zusammen mit dem Beiwagen C13, einem weiteren Beiwagen des Baujahres 1911/12 sowie dem C202 mit Baujahr 1905 am Zugende am 5. September 1958 beim Verschub am Südende des Bozner Bahnhofs.

Bei der Einmündung der Überetscherbahn in die Bozen-Meraner-Bahn sehen wir am 5. September 1958 den AC3 zusammen mit drei Beiwagen. Beim mittleren Beiwagen handelt es sich um den C201, der aus dem ehemaligen offenen Sommerwagen 3 der Mendel-Adhäsionsbahn entstanden ist.

Ein trauriger Anblick bot sich am 28. August 1963, nur wenige Wochen nach Einstellung des Personenverkehrs auf der Überetscherbahn, im Bahnhof Kaltern. Das Wagenmaterial wurde in Kaltern gesammelt. Unter anderem auf dem Bild ersichtlich, von links nach rechts: C201 sowie die drei Triebwagen AC4, AC3 und AC1.

Für den verbleibenden Güterverkehr auf der Reststrecke Sigmundskron–Kaltern wurden zwei neue Jenbacher Dieselloks des Typs DH 200-B-26 T beschafft. Noch ohne Nummer steht am 28. August 1963 ganz frisch abgeliefert eine der beiden Maschinen im Depotgelände Kaltern.

Der Güterverkehr auf der Überetscherbahn im Jahre 1968. Eine der beiden Jenbacher Lokomotiven mit ihrem Zug auf einem bereits grasüberwucherten Gleis. Der Güterverkehr wurde mit 1. Mai 1971 stillgelegt, die beiden noch gut erhaltenen Loks an die Ferrovia Brescia-Iseo-Edolo (SNFT) verkauft.

Die 1903 errichtete Standseilbahn, die Teil der Eisenbahnen zwischen Bozen und dem Mendelpass war, überlebte wie durch ein Wunder alle Wirren der Zeit und präsentiert sich seit 2009 mit diesen modernen Fahrzeugen. Wagen 01 zeigt sich am 5. Juni 2010 mit dem Kirchturm von St. Anton/Pfuss.

3

Von Bozen auf das Sonnenplateau

Die Rittnerbahn

Erste Projekte einer Eisenbahn auf den Ritten reichen in die 1890er-Jahre zurück. Anfänglich noch als Dampfzahnradbahn angedacht, bot sich mit Eröffnung der Etschwerke auf der Töll auch die Möglichkeit einer elektrischen Zahnradbahn. In den Jahren 1906 bis 1907 wurde schließlich eine meterspurige gemischte Adhäsions-/Zahnradbahn zwischen Bozen-Waltherplatz und Klobenstein errichtet, die über eine 4,5 Kilometer lange Steilrampe verfügte. Im Bozner Raum und auf dem Ritten verkehrte sie als Straßenbahn bzw. Lokalbahn. Die Rittnerbahn wurde am 13. August 1907 feierlich eröffnet. Im ersten Betriebsjahr hatte das neue Eisenbahnsystem mit einigen Problemen am Fuhrpark zu kämpfen, die mittels teils umfangreicher Umbauten beseitigt werden konnten. Die Rittnerbahn verfügte in der Anfangszeit neben vier Zahnrad-/Adhäsionsloks über zwei vierachsige Triebwagen und zwei zweiachsige Triebwagen mit gleichartigen Beiwagen.

1927 übernahm die STE (Società Trentina d'Elettricità) den Betrieb auf der Rittnerbahn und befasste sich folglich mit ihrer Modernisierung. Der erste, gescheiterte Versuch mündete 1937 in der Beschaffung des Triebwagens Nr. 105 der 1934 eingestellten Ferrovia elettrica locale dell'Alta Anaunia (F.E.A.A.), der zur Verstärkung auf dem Abschnitt zwischen Maria Himmelfahrt und Klobenstein zum Einsatz kam.

Ein nochmaliger Betreiberwechsel fand 1955 statt, als die F.E.A.R. (Ferrovie elettrice Autolinee riunite) den Betrieb auf der Rittnerbahn übernahmen. Anstatt sich mit der Modernisierung der Bahn zu befassen, wurden in der Folge diverse Seilbahnprojekte als Ersatz für den Zahnradbahnabschnitt geprüft. Der 15. Juli 1966 war schließlich ein rabenschwarzer Tag für die Rittnerbahn, als die Stadtstrecke in Bozen sowie die Zahnradstrecke eingestellt und durch eine Seilschwebebahn ersetzt wurden.

Für die Höhenbahn schien auch bald die letzte Stunde zu schlagen. Rittner und Bozner Bürger setzten sich aber lautstark und nachhaltig für den Erhalt dieses Kleinodes ein. 1982 konnten sie mit Hilfe der Gemeinde Ritten zwei Garnituren der eingestellten Straßenbahn Esslingen–Nellingen–Denkendorf (END) beschaffen, von denen der Triebwagen 12END im Jahre 1992 in Betrieb gehen und die historischen Holzkastenfahrzeuge entlasten konnte.

Heute präsentiert sich die Rittnerbahn als letzte Südtiroler Schmalspurbahn modern und historisch zugleich. Die größte Erneuerung der letzten 100 Jahre erlebte sie zwischen 2009 und 2014: Es wurden zwei gebraucht von der Schweizer Trogenerbahn erworbene Garnituren in Betrieb genommen, die nunmehr zusammen mit den mittlerweile 100-jährigen historischen Triebwagen den Verkehr abwickeln, sowie beide Remisen in Oberbozen und Klobenstein neu gebaut bzw. erweitert.

Die Rittnerbahn nahm bis 1966 ihren Ausgangspunkt direkt im Zentrum von Bozen am Waltherplatz. In der Anfangszeit der Bahn wartet ein zweiachsiger Triebwagen zusammen mit einem zweiachsigen Beiwagen auf die Abfahrt Richtung Rittnerbahnhof Bozen, wo die Garnitur umgestellt werden wird.

Wo heute die Seilbahn-Talstation der Rittner Seilbahn ist, war einst der Rittnerbahnhof in Bozen. Im Jahre 1910 wartet Lok 4, ein fast typengleicher Nachbau der Zahnradloks L1-3 der Rittnerbahn, zusammen mit einem Zweiachser und einem geschlossenen Güterwagen auf die Abfahrt Richtung Klobenstein.

Die Zahnradtrasse war spektakulär angelegt und vor allem im oberen Teil durch Kunstbauten geprägt. Es gab sogar einen 60 Meter langen Tunnel. Bei der Einfahrt in diesen Tunnel im Jahre 1907 sehen wir Lok L1 und Triebwagen 12. Die Steilstrecke wurde zusammen mit der Stadtstrecke Bozen am 15. August 1966 stillgelegt.

Vor der mächtigen Kulisse des Schlernmassivs präsentieren sich Anfang der 1930er-Jahre Triebwagen 1 noch mit Ursprungskasten sowie ein offener Güterwagen Typ Carrello. Die beiden Triebwagen 1 und 2 wurden später mit neuen, vereinfachten Wagenkästen versehen.

Dank der Fotopioniere, u.a. Fritz Domesle, Alfred Luft und Peter Willen, gibt es einige Farbfotos der Rittnerbahn aus den 1950er-Jahren. Ein wahres Gustostück ist die Aufnahme des Triebwagens 1 am 15. August 1956 auf dem Weg durch die Parkallee zum Waltherplatz in Bozen. Im Hintergrund ein grüner SASA-Autobus, Nachfolger der Bozner Straßenbahn.

Knapp unterhalb Maria Himmelfahrt begegnet uns am 6. September 1958 eine klassische Garnitur der Rittnerbahn, bestehend aus Lok L2, Triebwagen 12 und Beiwagen 22. Die Rittnerbahn war nach Schweizer Vorbild mit Strub'scher Zahnstange ausgestattet.

Idylle am 15. August 1956 im Bahnhof Klobenstein: Soeben ist Triebwagen Nr. 1 eingefahren, während Triebwagen 12 mit dem Beiwagen 21 auf die Ausfahrt Richtung Bozen wartet. Im Hintergrund die alte hölzerne Remise der Rittnerbahn.

Noch heute verfügt die Rittnerbahn über vier historische Triebwagen, die der Nachwelt liebevoll erhalten werden. Zum Jubiläum „100 Jahre Rittnerbahn" im Jahre 2007 gelang es, beide Zweiachstriebwagen in Lichtenstern anlässlich der Festveranstaltung am 19. August 2007 zusammenzubringen. Links Tw. 12 und rechts Tw. 11 mit Güterwagen Nr. 43.

Das Jahr 2010 stand ganz im Zeichen „100 Jahre Alioth-Triebwagen" bei der Rittnerbahn. Zur offiziellen Festveranstaltung am 11. September 2010 wurde eine Fotosonderfahrt geboten, bei dem der Alioth-Triebwagen Nr. 105 mit einem Oldtimer-Ford Typ A nahe Maria Himmelfahrt zusammentraf.

Wohlgepflegt und im Sommerhalbjahr regelmäßig im Einsatz zeigt sich am 23. Mai 2010 anlässlich der Inbetriebnahme des Trogenerbahn-Triebwagens Nr. 24 der Triebwagen 2 nahe Wolfsgruben vor der Kulisse des Mendelstocks.

Bis zur Inbetriebnahme der Trogenerbahn-Triebwagen 2010 hatte der Esslinger-Triebwagen 12END neben den historischen Fahrzeugen die Gesamtlast des Verkehrs zu tragen. Am 19. November 2009 verlässt das Fahrzeug in herbstlicher Stimmung Oberbozen und wird in Kürze die Haltestelle Linzbach erreichen.

Der 23. Mai 2010 war ein Festtag am Ritten, als mit dem Triebwagen Nr. 24 der Trogenerbahn die lange ersehnte Triebwagenverstärkung in Betrieb genommen werden konnte. Wir sehen am Einweihungstag den 1977 gebauten Triebwagen bei der Haltestelle Rappersbichl.

Nachdem der Triebwagen 24 wenige Monate am Ritten in Schweizer VST-Orange in Betrieb war, wurde er, wie auch Triebwagen 21, mit der neuen Rittnerbahn-Lackierung in bordeauxrot-anthrazit versehen. Am 30. August 2011 fährt er noch vor der offiziellen Einweihung (24.9.2011) vor der Kulisse von Oberbozen beim Haus am Hang Richtung Klobenstein.

4

Bozen als moderne Tramstadt

Die Bozner Straßenbahn

Erste Pläne für eine Straßenbahn für Bozen gehen auf das Jahr 1884 zurück, als das Projekt einer Pferdestraßenbahn angedacht war. Mit dem Bau der Etschwerke auf der Töll nahe Meran stand ab 1898 ausreichend elektrischer Strom zur Verfügung, weshalb die Firma Siemens & Schuckert aus Wien ein Projekt für eine elektrische Straßenbahn vorlegte, für das mit 30. Mai 1902 eine erste Konzession erteilt wurde. Zur Umsetzung kam es jedoch nicht.

Erst in den Jahren 1904 und 1905 intensivierten sich die Planungen für eine Straßenbahn zwischen Bozen und der damals noch selbstständigen Gemeinde Gries bei Bozen. Ein Trambahnkomitee bildete sich zur raschen Umsetzung der meterspurigen Straßenbahnlinie. Anfang 1908 konnte endgültiger Baukonsens zur Trasse, die insbesondere im Innenstadtbereich von Bozen diverse Herausforderungen an die Ingenieure stellte, erreicht werden. Binnen etwas mehr als einem Jahr konnte die 3,2 Kilometer lange Grieser Linie zwischen dem Bozner Südbahnhof und der Endstelle in der Habsburger Straße in Gries vollendet und am 1. Juli 1909 feierlich eröffnet werden. Für ihren Betrieb wurden zweiachsige Triebwagen mit den Nummern 51 bis 58 beschafft.

Bereits 1914 folgte eine zweite 6,7 Kilometer lange Straßenbahnlinie, die vom Südbahnhof ausgehend zum Waltherplatz und von dort über Oberau nach St. Jakob führte. Sie konnte am 1. Jänner 1914, wenige Monate vor Ausbruch des Ersten Weltkriegs, dem Verkehr übergeben werden. Ihre Triebwagen waren mit Ausnahme einer stärkeren Motorisierung baugleich zu den 1909 gelieferten Triebwagen der Grieser Linie. Die neuen Triebwagen erhielten die Nummern 1 bis 5. Zeitgleich mit der Eröffnung der neuen Straßenbahnlinie wurden die Grieser Straßenbahnlinie vom Bozner Südbahnhof in teilweiser Führung über die Gleise der Rittnerbahn zum Hotel Stiegl verlängert und ein weiterer Triebwagen mit der Nr. 59 angeschafft.

Als ein Brand am 2. März 1916 in der Remise der Bozner Straßenbahn die Aufbauten der Triebwagen 55 und 56 beschädigte, beschaffte man in der Folge die Beiwagen 51 und 52 der Meraner Straßenbahn, die man zur besseren Unterscheidung in Beiwagen 51B und 52B umbenannte. Triebwagen 56 wurde wieder aufgebaut. 1927 übernahm man von der Meraner Straßenbahn noch deren Triebwagen 3 und 5 und stellte diese als Triebwagen 6 und 7 in den Fuhrpark ein.

Nach langer Diskussion und Planung konnte schließlich mit der 2,1 Kilometer langen Verlängerung von St. Jakob nach Leifers, die am 26. Juli 1931 eröffnet wurde, die größte Ausdehnung des Bozner Straßenbahnnetzes erreicht werden. Nur wenige Jahre später begann der Stern der Bozner Straßenbahn zu sinken und mit der am 23. April 1948 gegründeten SASA, die ein verzweigtes Busnetz für Bozen in Betrieb nahm, war das Ende der Bozner Straßenbahn rasch gekommen. Am 23. Dezember 1948 verkehrte sie ein letztes Mal.

Die Grieser Linie verkehrte teils durch die engen Gassen der Bozner Altstadt. Auf dieser Aufnahme aus den 1920er-Jahren biegt ein Triebwagen vom Waltherplatz in die Mustergasse ab, um in Kürze den im Bildhintergrund am Musterplatz wartenden Triebwagen zu kreuzen und weiter nach Gries zu fahren.

In der Defreggerstraße in der Bozner Altstadt begegnet uns auf dieser Aufnahme der Triebwagen 58 der Bozner Straßenbahn. Für die Grieser Linie wurden 1909 die Triebwagen 51 bis 58 beschafft, die 1914 noch durch den Triebwagen 59 ergänzt wurden.

Vor der Österreichisch-Ungarischen Bank zeigt sich Triebwagen 56. Dieser wurde zusammen mit dem Triebwagen 55 beim Remisenbrand im Jahre 1916 beschädigt, in der Folge aber wieder aufgebaut.

Vor dem Stadtmuseum, das mittlerweile vor allem durch die Präsentation des „Ötzi" berühmt geworden ist, biegt ein Triebwagen von der Talferbrücke kommend in die Sparkassenstraße ein, um weiter Richtung Waltherplatz zu fahren.

Die Talferbrücke, die 1900 bereits für eine künftige Trambahn errichtet worden war, wurde zweigleisig ausgeführt. Vor der Kulisse der Bozner Altstadt mit dem markanten Turm des Bozner Museums in Bildmitte begegnen sich zwei Triebwagen, der rechte davon ist die Nr. 53.

Am Grieser Platz vor der beeindruckenden Kulisse des Kloster Muri, das für seine edlen Tropfen bekannt ist, kreuzen die Triebwagen 51 und 56 der Bozner Straßenbahn. In wenigen hundert Metern wird der Triebwagen 56 die Endstation in der damaligen Habsburger-Straße bei der Stephanie-Straße erreicht haben.

Am 1. Jänner 1914 wurde die zweite Bozner Straßenbahnlinie nach St. Jakob eröffnet. Vor der den Waltherplatz prägenden Bozner Pfarrkirche waren tagsüber immer die beiden von der Meraner Straßenbahn übernommenen Beiwagen abgestellt, um bei großem Andrang den Triebwagen angehängt zu werden. Ganz rechts ein abfahrtsbereiter Triebwagen nach Leifers.

Bei einer Werksprobefahrt passiert Triebwagen 2 die Bahnunterführung in Haslach. Als Linienbezeichnung trägt er St.J. für die Linie nach St. Jakob. Für den Betrieb dieser Linie wurden 1914 die Triebwagen 1 bis 5 beschafft. Später kamen von der Straßenbahn Meran zwei weitere Triebwagen für diese Linie.

So romantisch sich die Grieser Linie Anfang der 1930er-Jahre auch zeigt, als die Triebwagen 52 und 51 am Grieser Platz kreuzen, die Trambahn machte die Erschließungsentwicklung der schnell wachsenden Stadt Bozen nicht mehr mit und geriet immer mehr ins Abseits.

Obwohl es noch ein Projekt für einen O-Bus in Bozen gab, siegte der angeblich moderne Autobus, der am 24. Dezember 1948, quasi als Weihnachtsgeschenk, die Straßenbahn ablöste. Die Trambahnremise beim Siegesdenkmal diente lange noch als Busremise und Werkstatt, wie auf dem Bild vom 17. Juni 1970 ersichtlich.

5

Kühne Pläne einer Alpentransversale

Die Vinschgerbahn

Einhergehend mit den Plänen einer Alpentransversale über das Reschen-Scheideck war die Vinschgerbahn als logische Verlängerung in Richtung Meran und Bozen angedacht. Diesen Projekten schien aber kein Erfolg beschieden zu sein. Die Vinschgerbahn wurde als erste Etappe ausgeführt, getragen von der Hoffnung auf Verlängerung. Angelegt als typische private Lokalbahn wurde sie aus rein privater Initiative geboren. Bereits vor 1900 gab es eine erste Trassenbegehung, der Spatenstich zum Bau erfolgte am 2. Dezember 1903 beim Töll-tunnel. In nur etwas mehr als zwei Jahren konnte die Bahnlinie Meran–Mals fertig gestellt und am 1. Juli 1906 feierlich eröffnet werden. Für den Betrieb wurden typische Lokalbahndampfloks der k.k.St.B.-Baureihe 178 beschafft.

In der Folge des Überganges von Südtirol an Italien wurde die bis dahin private Vinschgerbahn verstaatlicht und von der F.S. betrieben. Der Betrieb blieb aber beschaulich. 1930 wurde der bekannte Wendestern im Bahnhof Mals angelegt und ab 1947 kamen die als „Littorine" bekannten braunen F.S.-Triebwagen ALn 56 planmäßig auf der Vinschgerbahn zum Einsatz, die diese Bahnlinie nachhaltig prägen sollten und seitens der Südtiroler Bevölkerung mit großen Ressentiments behaftet waren. Sie selbst wurden 1975 durch die damals modernen ALn 668 der F.S. ersetzt, die den Betrieb bis zum vorläufigen Ende 1991 prägen sollten.

Als „ramo secco" (dürrer Ast) war die Vinschgerbahn den Verantwortlichen schon seit den 1960er-Jahren ein Dorn im Auge und man begann in „italienischer" Manier den Betrieb langsam und schleichend auslaufen zu lassen. In der zweiten Hälfte der 1980er-Jahre verkehrten auf der Vinschgerbahn nur mehr wenige Zugpaare. Mit einer baldigen Einstellung war zu rechnen. Nachdem kurzfristig noch einmal auf Druck der Bevölkerung die Taktfrequenz angehoben wurde, kam 1989 die Hiobsbotschaft: Am 9. Juni 1990 fuhr im Vinschgau der vorläufig letzte Zug, die amtliche Einstellung folgte mit 2. Juni 1991.

Doch sollte dies nicht das endgültige Ende sein: Wie ein Phönix aus der Asche wurde die Vinschgerbahn wieder zum Leben erweckt. Das Land Südtirol übernahm nach einem langen Verfahren die marode Bahnlinie und sanierte diese grundlegend. Nach 15 Jahren Stillstand geschah am 5. Mai 2005 ein Wunder, an das niemand mehr geglaubt hatte: Die Vinschgerbahn wurde unter Regie des Landes Südtirol wieder eröffnet. Seitdem verkehren hier moderne Stadler-GTW-Triebwagen, von denen anfänglich acht Stück beschafft wurden. Aufgrund des unerwarteten Zuspruchs der wiedereröffneten Bahn mussten vier Triebwagen nachbeschafft werden. Die Vinschgerbahn gilt heute als europäisches Vorzeigeprojekt einer geglückten Wiederinbetriebnahme einer modernen Regionalbahn und soll mittelfristig auch elektrifiziert werden.

Am 1. Juli 1906 wurde die Vinschgerbahn zwischen Meran und Mals eröffnet. Der geschmückte Festzug ist in Mals angekommen und stolz posieren das Personal und diverse Honoratioren davor. Obwohl die Vinschgerbahn nur eine erste Etappe einer alpenquerenden Bahn über das Reschenscheideck war, kam es nicht mehr zur Vollendung dieser Vision.

Oberhalb von Meran in den Schleifen bei Marling fährt ein typischer Vinschgerbahn-Zug, gezogen von einer Lokomotive der k.k.St.B.-Baureihe 178, nach Meran. Für den Betrieb auf der Vinschgerbahn wurden insgesamt sieben Dampflokomotiven mit den Ordnungsnummern 178.31 bis 35 und 178.38 bis 39 im Jahre 1906 in Verkehr gestellt.

Im August 1966 treffen sich im Bahnhof Meran ein ALe 540 und der ALn 556 2288. Während Ersterer eine Schnellverbindung über Bozen Richtung Süden herstellt, wartet der ALn 556 auf die Abfahrt Richtung Mals. Nur etwa ein Jahrzehnt später wurden die ALn 556 durch die damals neuen ALn 668 der F.S. von der Vinschgerbahn verdrängt.

Italienisches Flair im Bahnhof Mals am 10. Juli 1967. Eine Doppeltraktion mit ALn 556 2228 am Zugschluss ist soeben von Meran angekommen. Die landläufig als „Littorine" bezeichneten Triebwagen prägten die Vinschgerbahn über Jahrzehnte.

Bereits zu Zeiten der alten Vinschgerbahn gab es Direktzüge zwischen Bozen und Mals. Am 15. Mai 1989 fährt ein Zug bestehend aus zwei ALn 668 und einem angehängten ALe 840 samt Steuerwagen aus dem Bahnhof Vilpian-Nals aus. Der ALe 840 wird mit seinem Steuerwagen in Meran verbleiben, die beiden ALn 668 weiter nach Mals fahren.

Einmal am Tag trafen sich im Bahnhof Mals zwei ALn-668-Garnituren. Am 15. Mai 1989 ist die rechte Garnitur mit ALn 668 1708 aus Meran angekommen, während die linke Garnitur mit ALn 668 1719 soeben Richtung Meran abfährt. Links im Bild der charakteristische Bahnhof von Mals, der im Zuge der Revitalisierung einen leichten Umbau erfahren hat.

Nachdem die Vinschgerbahn über zehn Jahre im Dornröschenschlaf lag, gelang – wohl auch auf politischen Druck bevorstehender Wahlen – am 22. Oktober 2003 die erste offizielle Ausfahrt eines neuen Stadler-GTW von Meran nach Schlanders. Das Fahrzeug zeigt sich noch im herstellerseitigen silber-rot gepunkteten Anstrich.

Vor der romantischen Kulisse des Schlosses Kastelbell fährt ein neuer Stadler-GTW von Meran kommend aus dem Bahnhof Kastelbell-Tschars aus. Noch zeigt sich der Triebwagen – hier bei Probefahrten – im silber-roten Design, das aber noch im Zuge der Eröffnung der Bahnlinie gegen die neue Beklebung mit der Südtiroler Dachmarke getauscht wurde.

Bereits ein Jahr nach Eröffnung der neuen Vinschgerbahn konnte am 30. Juli 2006 mit einem sehenswerten Sonderzug das Jubiläum „100 Jahre Vinschgerbahn“ begangen werden, hier im Bahnhof Schlanders. Die Garnitur bestehend aus Lokomotive 728 022 und drei „Centoporte“-Wagen, die vom Eisenbahnmuseum Campo Marzio Triest geführt wurde.

In herbstlicher Stimmung eilt ein Solotriebwagen der Vinschgerbahn vor der Kulisse der Churburg in Schluderns Richtung Meran. Das Fahrzeug trägt die heute übliche bunte Dachmarkenwerbung, die dem Zug ein charakteristisches Aussehen gibt. Die Vinschgerbahn gilt als Vorbild modernen schienengebundenen Nahverkehrs in Europa.

6

Erste Südtiroler Straßenbahn

Die Lokalbahn Lana–Meran

Ende des 19. Jahrhunderts keimten erste Projekte einer Lokalbahnlinie von der Kurstadt Meran in das Umland Richtung Lana auf. Es lockten diverse Ziele in der näheren Umgebung wie das Vigiljoch oder die Gaulschlucht. Dank der privaten Initiative diverser Lananer Bürger, die einen Teil der Aktien zeichneten, unter ihnen insbesondere Alois Zuegg, wurde der Bau einer Straßenbahnverbindung Meran–Lana in den folgenden Jahren deutlich forciert. Binnen etwas mehr als einem halben Jahr wurde die meterspurige 7,5 Kilometer lange Bahn vollendet und konnte am 11. August 1906 eröffnet werden. Die Straßenbahn führte von Oberlana ausgehend über Tscherms und Marling nach Untermais und von dort direkt nach Meran. Mit der Trambahn Lana–Meran erreichte erstmals auch eine Straßenbahn den noblen Kurort Meran. Die Endstation der neuen Trambahn befand sich am Rufinplatz direkt vor dem Stadttheater im Zentrum Merans.

Die neue Straßenbahn verfügte anfangs über drei zweiachsige Triebwagen und zwei Beiwagen. 1907 wurde ein vierter Triebwagen und 1914 wurden aufgrund gesteigerter Fahrgastzahlen – insbesondere durch die Inbetriebnahme der Seilschwebebahn Lana–Vigiljoch bedingt – die Triebwagen 5 und 6 geliefert. Damit umfasste der Wagenpark der Trambahn Lana–Meran schließlich sechs Triebwagen und nur zwei Beiwagen, die im Laufe ihres Lebens kaum umgebaut wurden.

Die Trambahn Lana–Meran verfügte nahe dem Bahnhof Untermais über eine niveaugleiche Kreuzung mit der Bozen-Meraner-Bahn, wodurch sich im Zuge von deren Elektrifizierung mit Drehstrom große Probleme ergaben. Daher wurden für die Trambahn Lana–Meran eigene Langscheren-Bügel entwickelt, die das Liegenbleiben eines Triebwagens auf der niveaugleichen Kreuzung verhindern sollten.

Nachdem nach dem Zweiten Weltkrieg der Zustand des vorhandenen Rollmaterials aufgrund des Alters nicht mehr der beste war und es zudem schwierig wurde, passende Ersatzteile zu bekommen, entschied man sich bereits Ende der 1940er-Jahre, die Trambahn endgültig aufzulassen. Am 8. Mai 1950 verkehrten auf der Trambahn Lana–Meran die letzten Züge. Anstelle der braun-weißen Triebwagen übernahmen fortan hellgrün-dunkelgrün lackierte Busse den Verkehr.

Als erste Straßenbahn in Südtirol konnte am 11. August 1906 die Trambahn Lana–Meran eröffnet werden. Damit wurde diese ganze zwei Jahre vor der Meraner Straßenbahn in Betrieb genommen. An ihrem nördlichen Ende, dem Theaterplatz in Meran, sehen wir im Eröffnungsjahr einen der drei erstgelieferten Triebwagen beim Umsetzen.

Von Lana kommend passiert in den ersten Betriebsjahren eine Garnitur bestehend aus einem Triebwagen der Serie 1–3 und 4 mit einem der beiden Beiwagen der Trambahn Lana–Meran die Passerbrücke in Meran, um kurz danach die Endstation am Theaterplatz, den späteren zentralen Verkehrsknoten, zu erreichen.

Die Trambahn Lana–Meran war nach damaligen Gesichtspunkten zum Großteil auf eigener Trasse in Straßenseitenlage errichtet worden. Bei der Ortsdurchfahrt durch Tscherms sehen wir im Zuge von Probefahrten den Triebwagen 3 von 1906.

Auf dem Weg von Lana nach Meran fährt einer der Triebwagen der Erstserie in den Anfangsjahren in der sogenannten Vill zwischen Lana und Tscherms. Im Hintergrund sehen wir schon Lana, ab 1912 Ausgangspunkt der Lana-Vigiljoch-Seilschwebebahn.

Die am 9. Mai 1908 in Betrieb genommene Meraner Straßenbahn nahm ihren Ausgang direkt vor dem wunderschönen im Jahre 1906 im Zuge der Eröffnung der Vinschgerbahn eingeweihten Bahnhof Meran. Triebwagen Nr. 6 ist im Eröffnungsjahr abfahrtsbereit Richtung Innenstadt und weiter nach Obermais.

Vor dem beeindruckenden, 1907/08 erbauten Hotel Bristol in Meran, das bis 1953 direkt an der Ecke Freiheitsstraße/Otto-Huber-Straße in seiner ersten Ausprägung bestanden hatte, fährt Triebwagen 102 um 1910 von der Stadt kommend Richtung Bahnhof. 1954 wurde anstelle dieses imperialistischen Baus ein moderner mondäner Nachfolgebau errichtet.

Den Theaterplatz verlassend fährt Triebwagen 101 in der Anfangszeit der Straßenbahn über den Sandplatz weiter zur Endstation am Brunnenplatz in Obermais. Der Meraner Theaterplatz war zentrale Verkehrsdrehscheibe aller Straßenbahnlinien, nach Obermais und zum Bahnhof, nach Forst und auch von der Trambahn Lana–Meran.

Auf dem Ponte nazionale verkehrt ein Triebwagen vom Meraner Stadtzentrum kommend Richtung Obermais. Die Strecke zwischen Sandplatz und Obermais konnte erst einige Monate nach Eröffnung der Meraner Straßenbahn am 10. Oktober 1908 in Betrieb genommen werden.

Vor idyllischer Kulisse fährt Triebwagen 103 um 1910 vom Brunnenplatz in Obermais Richtung Meran ab. Nach einer scharfen Rechtskurve begann umgehend die 77‰-Rampe Richtung Meraner Innenstadt. Der Triebwagen 103 wurde 1940 als Ersatzteilspender nach Bozen abgegeben.

In den 1930er-Jahren wartet Triebwagen 6 am Obermaiser Brunnenplatz vor der Kulisse des Schlosses Rottenstein auf die Abfahrt Richtung Bahnhof. Dem Zeitgeist entsprechend lautet das Fahrziel schon „stazione ferroviaria". Er trägt auch schon Dachwerbung, wie sie in den späteren Jahren bei den Straßenbahnen von Meran und Bozen üblich war.

Als zweite Straßenbahnlinie wurde ebenfalls am 9. Mai 1908 ausgehend vom Meraner Theaterplatz eine Linie über Algund nach Forst eröffnet, die ihren Endpunkt direkt bei der Brauerei Forst hatte. Am Meraner Rennweg sehen wir in den Anfangsjahren Triebwagen 7 kurz vor der Endstation Theaterplatz.

Meran verfügt über mehrere sehenswerte Altstadttore. Durch das sogenannte Vinschger Tor verkehrte zwischen 1908 und 1956 die Linie nach Forst. In dieser malerischen Kulisse fährt Triebwagen 5 von Forst kommend durch das markante Tor weiter in Richtung Theaterplatz.

In den letzten Betriebsjahren war die Straßenbahn immer mehr ein Anachronismus. Die eingleisige Streckenführung behinderte den Individualverkehr. Am 13. Mai 1955, also etwa ein Jahr vor Einstellung, fährt Triebwagen 6 Richtung Meran-Forst. Entgegenkommend ein typisches Symbol der Italianità, ein Fiat Topolino.

Im regen Verkehrsgewühl der Stadt bahnt sich Triebwagen 104 nahe dem Kasino seinen Weg zum Bahnhof Meran. Zum Zeitpunkt der Aufnahme am 13. Mai 1955 war das Schicksal fast besiegelt, nur ein Jahr später, am 24. Mai 1956, wurden die beiden Linien eingestellt. Geblieben sind Relikte, wie die Tramremise, die heute den Bussen der SASA dient.

8

Apfelexpress

Die Lokalbahn Lana–Burgstall

Mit Eröffnung der Bozen-Meraner-Bahn 1881 wuchs auch der Wunsch der vielen Obstplantagenbesitzer rund um Lana, ihr Obst günstig und schnell auf die Eisenbahn verladen zu können. Nach Eröffnung der Trambahn Lana–Meran 1906 gab es bald Bestrebungen, diese schmalspurige Lokalbahn Richtung Burgstall zu verlängern, um so einen direkten Eisenbahnanschluss zu erhalten. Doch musste man bald feststellen, dass ein Umladen von einer Schmalspurbahn zur normalspurigen Eisenbahn alles andere als zweckmäßig war.

Gegen Jahresende 1909 bildete sich in Lana ein Personenkomitee zum Bahnbau, das bald eine Konzession zum Bau einer normalspurigen 4,35 Kilometer langen Lokalbahn vom Bahnhof Lana/Burgstall nach Oberlana erhielt. Im Sommer 1912 begannen die Bauarbeiten. Größtes Problem dabei war der Neubau der Falschauerbrücke in Oberlana, der nötig wurde, da der Endbahnhof in unmittelbarer Nähe zum Bahnhof der Trambahn Lana–Meran am linksseitigen Falschauerufer geplant war. Die gesamte Bahnanlage konnte am 13. Dezember 1913 feierlich eingeweiht werden. Als Besonderheit wies die Bahn eine 90-Grad-Kreuzung mit der Bozen-Meraner-Bahn kurz vor dem Bahnhof Lana/Burgstall auf.

Die österreichischen Siemens-Schuckert-Werke lieferten als Generalunternehmer drei zweiachsige Triebwagen sowie zwei zweiachsige Güterzuglokomotiven nach gängigen Normen. Die Triebwagen wurden dabei im mechanischen Teil von der Grazer Waggonbaufabrik gefertigt, während die Lokomotiven entgegen der oftmalig fälschlich verbreiteten Meinung nicht seitens der Grazer Waggonbaufabrik, sondern von der Simmeringer Waggonbaufabrik gefertigt wurden.

Ähnlich den Problemen bei der Trambahn Lana–Meran war auch die Bahn Lana–Burgstall von der Elektrifizierung der Bozen-Meraner-Bahn mit Drehstrom im Jahre 1934 betroffen. Für das gefahrlose Passieren der Kreuzung beider Bahnen erhielten die beiden Lokomotiven neue X-förmige Scherenstromabnehmer, während die Triebwagen erst 1950 die ausgedienten Stromabnehmer der Trambahn Lana–Meran bekamen.

Nachdem bereits 1950 die Trambahn Lana–Meran eingestellt worden war, ereilte den Personenverkehr auf der Lokalbahn Lana–Burgstall am 25. Juli 1959 dasselbe Schicksal. 1962 wurde folglich das hinderliche Gleis zwischen Mitter- und Oberlana stillgelegt und Remise und Depot im Pomus-Obstmagazin angesiedelt. Am 31. März 1974 schlug schließlich auch die letzte Stunde des „Apfelexpress“, als der verbliebene Güterverkehr auf der Reststrecke Niederlana–Lana/Burgstall stillgelegt wurde. Heute erinnern in Lana noch die beiden Güterzugslokomotiven, die leider etwas lieblos ohne Wetterschutz aufgestellt wurden, an die einstige Lokalbahn.

Am 13. Dezember 1913 wurde als Verlängerung der Trambahn Lana–Meran und als Zubringer zum Bahnhof Lana/Burgstall der Bozen-Meraner-Bahn die 4,4 Kilometer lange normalspurige Lokalbahn Lana–Burgstall eröffnet. Nahe dem Bahnhof Oberlana, rechts im Hintergrund, fährt Triebwagen 1 im Jahre 1913 beim Gasthof Teiss Richtung Burgstall.

Im Bahnhof Oberlana wurden im Zuge von Probefahrten eine Güterlokomotive und ein Personentriebwagen aufgestellt. Für den Betrieb auf der Lokalbahn Lana–Burgstall wurden drei Triebwagen mit den Nummern 1 bis 3 und zwei Lokomotiven mit den Nummern 11 bis 12 beschafft. Die Loks trugen die Reihenbezeichnung 1084 bei den k.k. Staatsbahnen.

Im Bahnhof Lana/Burgstall sehen wir Lokomotive Nr. 11, die bei den k.k. Staatsbahnen die Bezeichnung 1084.001 trug, zusammen mit drei Güterwagen im Zuge von Probefahrten vor der Eröffnung 1913. Die beiden Güterzugloks wurden im Laufe der Einsatzzeit kaum umgebaut und existieren heute beide als Denkmal, wenn auch eine etwas heruntergekommen.

Im Depot der Bahn Lana–Burgstall in Oberlana sehen wir Triebwagen 3 zusammen mit dem 1913 gelieferten Turmwagen im Zuge einer Fahrleitungsreparatur. Im Hintergrund steht Triebwagen 1 in der Remise und eine der beiden Loks erkennt man links verdeckt. Die Remise wurde erst 2012, fast hundert Jahre nach ihrer Errichtung, abgerissen.

Wenige Monate vor Stilllegung des Personenverkehrs auf der Lokalbahn Lana–Burgstall zeigt sich am 6. September 1958 der Triebwagen 2 in Oberlana. Die Triebwagen hatten für das Passieren der niveaugleichen Kreuzung mit der Bozen-Meraner-Bahn die von der 1950 eingestellten Trambahn Lana–Meran freigewordenen Bügel der Personentriebwagen erhalten.

Dank Alfred Luft gibt es ein Farbfoto der Lokalbahn Lana–Burgstall. Alfred hatte am 6. September 1958, also nur wenige Monate vor Stilllegung des Personenverkehrs auf der Lokalbahn Lana–Burgstall, den Triebwagen 2 in völlig heruntergekommenem Zustand im Bahnhof Lana/Burgstall fotografiert. Man beachte die hängende vordere Plattform.

Nachdem der Personenverkehr zwischen Oberlana und Burgstall am 25. Juli 1959 eingestellt worden war, verblieben zwischen Niederlana und Burgstall noch für etwas mehr als ein Jahrzehnt Gütertransporte. Am 19. Juni 1968 wartet Lok I mit drei Güterwagen auf den Verschub im Obstmagazin Pomus in Niederlana.

Ein Kuriosum der Lokalbahn Lana–Burgstall war die 90-Grad-Kreuzung mit der Bozen-Meraner-Bahn kurz vor der Etschbrücke nahe Burgstall. Ein Güterzug, gezogen von Lokomotive Nr. I, fährt über diese Kreuzung Richtung Niederlana. Man beachte den eigenwilligen Scherenbügel der Lok für die Fahrleitungskreuzung.

Bei der Ausfahrt aus dem Bahnhof Lana/Burgstall sehen wir am 27. April 1974 Lokomotive Nr. I mit diversen F.S.-Spitzdachwagen und Kühlwagen. Zu diesem Zeitpunkt war die Linie eigentlich schon offiziell eingestellt.

Der Umgang mit technischen Kulturgütern in Südtirol scheint fragwürdig, wenn man die eigenwillig gekünstelte Anordnung von Lok I und der Etschbrücke nahe dem Bahnhof Burgstall als Passant wahrnimmt. Wind und Wetter, Vandalismus und Hochwasser ausgesetzt, dürfte diesem historischen Kulturgut trotz noch guten Zustandes wohl keine rosige Zukunft beschert sein.

9

Etschtal – Nonstal – Sulzberg

Ferrovia elettrica Trento–Malè

Das Gebiet zwischen Etschtal, Nonstal und Sulzberg ist durch seine wechselhafte Landschaft zwischen tiefen Schluchten und lieblichen Hochplateaus geprägt. Bereits im Zuge des Trentiner Kleinbahn-Errichtungsplanes, der ab den 1890er-Jahren die Erschließung der diversen Talschaften des Trentino mit Kleinbahnen vorsah, war einer bahntechnischen Erschließung von Nonstal und Sulzberg oberste Priorität eingeräumt worden. Es war vor allem der visionäre Trienter Bürgermeister Paolo Oss Mazzurrana, der als Motor dieses Projektes galt. Aufgrund der Bahnlänge von fast 60 Kilometern und der anspruchsvollen Trassierung war aber an eine private Finanzierung keinesfalls zu denken. In dieser misslichen Situation zeigten die offiziellen Stellen der k. u. k. Monarchie Interesse an einer Finanzierung, vor allem um den schwelenden italienisch-deutschen Nationalitätenkonflikt in Welschtirol durch gezielte Förderungen im Zaum zu halten.

So entstand 1908 und 1909 die längste elektrische Überlandstraßenbahn der k. u. k. Monarchie zwischen Trient im Etschtal und Malè am Sulzberg. Geprägt durch eine teils spektakuläre Trassenführung – immerhin befand sich auf dieser Strecke mit der 140 Meter hohen Ponte S. Giustina die höchste Eisenbahnbrücke der k. u. k. Monarchie – beeindruckte die Bahn weit über die Grenzen Tirols hinaus. Die meterspurige Ferrovia Trento–Malè konnte in ihrer gesamten Betriebslänge von 59,6 Kilometern am 11. Oktober 1909 dem Verkehr übergeben werden. Als Fuhrpark wurden 12 vierachsige Personentriebwagen der k.k.St.B.-Serie 41/s und zwei vierachsige Gepäcktriebwagen der k.k.St.B.-Serie 42/s neben diversen Personen-, Post- und Güterwagen beschafft.

Im Ersten Weltkrieg kam der Nonstalbahn durch ihre strategische Lage als Zubringer zur Ortlerfront besondere Bedeutung zu, weshalb ergänzend zum elektrischen Betrieb diverse Dampflokomotiven Tiroler und Schweizer Provenienz zum Einsatz kamen, die teils auch danach auf der Bahnlinie verblieben.

1936 übernahm eine private Gesellschaft die Betriebsführung von der F.S. und betrieb nach dem Zweiten Weltkrieg konsequent eine Modernisierung und teilweise Neutrassierung der Bahnlinie. Von 1955 bis 1961 wurde die Strecke komplett modernisiert und 1964 von 750 Volt auf 3.000 Volt Gleichstrom umgestellt sowie zeitgemäßes Wagenmaterial beschafft, das später durch geschickte Gebrauchtwagenkäufe und 1994/95 durch die Lieferung von vier weiteren neuen Triebwagen ergänzt wurde.

Nachdem mit 26. Oktober 1995 die Nonstalbahn eine neue Endstation direkt beim F.S.-Bahnhof in Trient erhalten hatte, folgte ein weiterer Ausbau der Bahn: 2003 wurde sie um zehn Kilometer von Malè nach Marilleva verlängert und in den Jahren 2004 bis 2006 insgesamt 14 neue Triebwagen ETi 401–414 des Typs Coradia von Alstom beschafft. Die FTM ist ein europäischer Vorzeigebetrieb und fährt in eine moderne Zukunft!

Ursprünglich nahm die am 11. Oktober 1909 eröffnete Ferrovia Trento–Malè ihren Ausgang direkt im Stadtzentrum von Trient beim Torre Verde, einem vorgelagerten Turm zum Castello Buonconsiglio. Eine Garnitur bestehend aus einem Triebwagen der k.k.St.B.-Reihe 41/s und einem Beiwagen der Type AC/s präsentiert sich dem Fotografen im Verschub.

Die alte Nonstalbahn war für ihre zentralen Ortsdurchfahrten, die teilweise bis in die engsten Dorfgassen führten, bekannt. In Lavis zeigt sich eine Garnitur auf der Piazza S. Gallo in der Anfangszeit der Bahn. Mit dem Quasineubau in den Fünfziger- und Sechzigerjahren verschwanden diese Trassenführungen gänzlich.

Die Ponte San Giustina war zur Zeit der Bahneröffnung mit 140 Metern Höhe die höchste Eisenbahnbrücke der Welt. Ein Zug mit einem Triebwagen der Baureihe 41/s passiert in den 1920er-Jahren mit zwei Beiwagen das Bauwerk. Mit dem Neubau der Trient-Malè-Bahn wurde diese Brücke Mitte der 1950er-Jahre durch ein neues Betonbauwerk ersetzt.

Als weiteres großes Brückenbauwerk der Nonstalbahn war die Mostizzolo-Brücke zwischen Cles und Mostizzolo bekannt. Über die Schlucht, die die Grenze zwischen Nonstal und Sulzberg darstellt, fährt im Eröffnungsjahr eine Garnitur aus Triebwagen der Serie 41/s und einem Beiwagen.

Aberwitzig eng präsentierten sich diverse Ortsdurchfahrten der alten Nonstalbahn. Als Beispiel sei die Ortsdurchfahrt von Bordiana in Kilometer 52 gezeigt, wo die Bahnlinie zwischen zwei Häusern in Millimeterarbeit hindurchgeplant wurde. Ein Wunder, dass eine Bahnlinie mit dieser Trassenführung die Wirren der 1950er- und 1960er-Jahre überstehen konnte.

Im Bereich der Rocchetta-Schlucht bei Mezzolombardo zeigt sich im August 1964 der EACDz 017 bei der Einfahrt in die Rocchetta-Galerie III. Über dem Triebwagen sieht man ein ausgedientes Brückenfundament der alten Trient-Malè-Bahntrasse. Wenige Monate nach dieser Aufnahme wurde die Nonstalbahn auf 3.000 Volt Gleichstrom umgestellt.

In den letzten Monaten vor der Umstellung der Nonstalbahn zeigt sich am 28. August 1963 eine klassische Garnitur im Bahnhof Trient-Torre Verde. Dieser Bahnhof ist – abweichend vom Bild auf Seite 58 oben – in den letzten Jahren seines Bestandes eingekeilt zwischen diversen Neubauten.

Neben den zwölf Personentriebwagen der k.k.St.B.-Baureihe 41/s beschaffte die Ferrovia Trento–Malè zwei Gepäckstriebwagen mit der k.k.St.B.-Reihenbezeichnung 42/s. Der Triebwagen 42/s Nr. 002 zeigt sich am 28. August 1963 in seiner für die letzten Betriebsjahre typischen blaugrauen Lackierung, abgestellt in Mezzolombardo.

Im Bahnhof Lavis kreuzen einander am 13. Februar 1976 einer der ehemaligen Dolomitenbahn-Gelenktriebwagen (Serie 007–008) – hier links – und ein Elettrotreno der FTM (Serie 11–13). Beide Fahrzeuge weisen die damals übliche grau-weiße Lackierung der FTM auf. Trotz deutlicher optischer Unterschiede waren beide Fahrzeuggenerationen verwandt.

1965 beschaffte die FTM für einen Güterverkehr mit Rollböcken eine vierachsige Gepäcklokomotive mit der Betriebsbezeichnung LC21. Der Rollbockverkehr diente vor allem zur Abfuhr des Obsts mit Kühlwagen vom Sulzberg und Nonstal nach Mezzocorona. 1981 verschiebt dort die LC21 einen Kühlwagen auf Rollböcken.

Auf der 1961 in Betrieb genommenen neuen Ponte Mostizzolo fährt der ET11 der Nonstalbahn wenige Jahre vor seiner Abstellung auf dem Weg nach Malè. Im Vordergrund unterhalb der Fahnen kann man noch das gemauerte Widerlager der alten Ponte Mostizzolo erkennen.

Auf einer seiner letzten Fahrten zeigt sich der ehemalige Dolomitenbahn-Triebwagen 007 im Jahr 2004 zusammen mit einem vierachsigen Triebwagen der FTM auf der Etschbrücke bei Grumo. Ab Ende der 1980er-Jahre erhielten einige Fahrzeuge, so auch die beiden Ex-Dolomitenbahn-Triebwagen, eine neue rot-graue Lackierung.

Im Jahr 1995 wurde die Trient-Malè-Bahn wieder Richtung Bahnhof/Stadtzentrum von Trient verlängert, wovon sie 1964 verbannt worden war. Am 26. Oktober 1995 wurde der neue Bahnhof, der in Verlängerung des F.S. Bahnhofes von Trient errichtet worden war, feierlich eröffnet. Zwei ET86-Triebwagen warten geschmückt auf die erste Fahrt nach Malè.

Mit einem grandiosen Fest wurde am 11. Oktober 2009 „100 Jahre Trient-Malè-Bahn" gefeiert. Von links nach rechts zeigen sich: der Jubiläumszug bestehend aus dem restaurierten B51, ehemals Fleimstalbahn, mit dem C326 der FTM und zwei Güterwagen sowie dem ETi 412 in Jubiläumsbeklebung und dem ETi 410, letztere als Vertreter der heutigen Generation.

10

Mendel südwärts

Ferrovia elettrica locale dell'Alta Anaunia

Parallel zu den Planungen einer Nonstalbahn von Trient nach Malè formierte sich auch am Nonsberg ein Komitee, dessen Ziel es war, die liebliche Gegend zwischen Nonstal und Mendelpass durch eine Bahn zu erschließen. Visionär und Hauptproponent dieses Bahnprojekts war der Nonsberger Emanuele Lanzarotti, der verschiedene Trassen von Cles und Dermul(l)o Richtung Nonsberg für eine Umsetzung plante.

Schließlich schafften es die diversen Proponenten vom Nonsberg, eine meterspurige Bahnlinie ausgehend von der geplanten Bahnstation Dermulo der Nonstalbahn über den Hauptort des Nonsbergs – Fondo – weiter auf den Mendelpass zu konkretisieren. Aufgrund der Topografie verfügte die als reine Adhäsionsbahn geplante Linie dabei über beachtliche Steigungen von bis zu 82‰. Zwischen 1907 und 1909 wurde die 23,34 Kilometer lange Bahnlinie erbaut und war Anfang 1909 bereits gänzlich fertig gestellt. Aufgrund wenig befriedigender Probefahrten mit dem gelieferten Wagenmaterial zögerte sich jedoch die feierliche Eröffnung deutlich hinaus und führte schließlich u.a. zu einer Nachbestellung von zwei weiteren Triebwagen.

Mit einer Verzögerung von einem halben Jahr konnte die Nonsbergbahn schließlich am 1. September 1909 unter strengen Auflagen feierlich eröffnet werden. Sie wurde im unteren Abschnitt Dermulo–Fondo ganzjährig, im oberen Abschnitt Fondo–Mendelpass aber nur saisonal während des Sommerhalbjahres betrieben. Als Ursprungsfuhrpark waren ein vierachsiger Personentriebwagen sowie zwei vierachsige Personentriebwagen mit Gepäckabteil vorhanden, die im Dezember 1910 durch zwei weitere Personentriebwagen mit Gepäckabteil nach dem Muster der Triebwagen 21 bis 23 der Berninabahn ergänzt wurden.

Just diese unbefriedigende Situation einer Fahrzeugnachbestellung der finanziell nicht auf Rosen gebetteten Nonsbergbahn sollte die Gesellschaft Zeit ihres Bestehens noch belasten.

Zeigte sich das Unterfangen anfangs als gute Entscheidung, so änderten die Auswirkungen des Ersten Weltkriegs das Umfeld rasch: Die Mendel schien ihren Glanz als Sommerfrischedestination verloren zu haben und das Umfeld für die Nonsbergbahn wurde schwierig. Trotz neuen Betreibers in Form der Società Trentina d'Elettricità (STE) wurde die Nonsbergbahn durch die Auswirkungen der wirtschaftlichen Situation der 1920er-Jahre stark beeinflusst, man musste unliebsame Sparschritte setzen und den Verkehr deutlich reduzieren. Schließlich blieb für die überschuldete Nonsbergbahn nur die Betriebseinstellung. Im Herbst 1933 erfolgte die provisorische Stilllegung des Abschnittes Fondo–Mendelpass und am 31. Jänner 1934 verkehrte der letzte Zug zwischen Dermulo und Fondo. In den Jahren 1936/37 erfolgte schließlich auch die definitive Stilllegung am Papier. Einige Fahrzeuge der Bahn fanden eine zweite Heimat, so etwa der Triebwagen 105 bei der Rittnerbahn, die beiden Sommerwagen 204 und 205 bei der Fleimstalbahn; diverse Güterwagen fanden auch weitere Abnehmer.

In Dermulo waren für beide Bahnen separate Bahnhöfe vorhanden: ganz rechts das heute noch existente Aufnahmegebäude der FTM, dahinter jenes der F.E.A.A. Mit dem Umbau des Bahnhofes Dermulo der FTM 1955 wurde schließlich das Gebäude der F.E.A.A. abgerissen und die neue Gleisanlage der FTM auf die rückwärtige Seite des FTM-Bahnhofs verlegt.

Ein Probezug mit Triebwagen Nr. 101 und zwei Beiwagen der Serie 201-203 auf der Ponte Sanzeno. Die ursprünglich gelieferten Triebwagen 101 und 102-103 bewährten sich anfangs wenig, weshalb weitere Triebwagen geordert werden mussten. Die Ponte Sanzeno der F.E.A.A. ist heute noch existent und dient dem Straßenverkehr.

Die wenigen Bahnhofsgebäude der F.E.A.A. im unteren Abschnitt waren mit Ausnahme der Endstationen nach vereinheitlichten Mustern errichtet worden. Gleich neben der Straße von Dermulo zum Mendelpass befand sich der heute nicht mehr existente Bahnhof Sanzeno vor beeindruckender Kulisse.

Die Bahnhofsanlagen von Fondo, die eigentlich auf dem Gemeindegebiet von Malosco lagen, waren großzügig angelegt. Im Vordergrund sehen wir um 1910 den offenen Güterwagen 402 mit Bremsersitz, im Hintergrund eine von Dermulo angekommene Garnitur, die nach Abhängen des Beiwagens die Fahrt Richtung Mendelpass fortsetzen wird.

Im Dezember 1910 wurden nach Schweizer Baumuster zwei weitere Triebwagen mit den Nummern 104 und 105 für die F.E.A.A. beschafft, die sich deutlich besser für die Bergstrecke Fondo–Mendelpass eigneten. Oberhalb von Fondo, mit Blick auf die Remise der F.E.A.A., zeigt sich einer der Triebwagen mit einem offenen Güterwagen im Frühjahr 1911.

Mit der Kulisse der Ortschaft Ruffrè im Hintergrund zeigt sich eine der 1910 gelieferten Garnituren bestehend aus einem Triebwagen der Serie 104-105 und einem vierachsigen Sommerwagen der Type 204-205 dem Fotografen. Der Triebwagen 105 kam nach der Einstellung zur Rittnerbahn, während die beiden Beiwagen zur Fleimstalbahn kamen.

Kurz vor der Einfahrt in die Mendelsiedlung wechselte die großteils auf eigener Trasse angelegte F.E.A.A. beim Mendelkirchlein ins Straßenniveau, um die Mendelsiedlung als Straßenbahn bis zur Bergstation der Mendelbahn zu durchqueren. Im Hintergrund erkennt man das Hotel Mendelhof, eines der Grandhotels am Mendelpass.

Einer der Triebwagen der Serie 104-105 wartet im Endbahnhof Mendelpass/Mendola auf seine Rückfahrt nach Dermulo. Das ganz links abgebildete Bahnhofsgebäude existiert heute noch und wurde anderen Zwecken zugeführt. Die Fläche der Bahntrasse dient heute als Parkplatz.

Die einzigen beiden Fahrzeuge der F.E.A.A., die bis in die heutige Zeit überlebt haben, sind der Triebwagen 105 und der Güterwagen 401, der 1948 zu einem Turmwagen umgebaut wurde. Hier zeigen sich beide als „Nonsberger Garnitur“ anlässlich einer der beiden Liebhaberfahrten zum Jubiläum „100 Jahre Rittnerbahn“ am 21. Juli 2007 nahe Maria Himmelfahrt.

Wie durch ein Wunder hat auch das Bahnhofsgebäude von Fondo bis in die heutige Zeit überlebt, wenn auch in sehr heruntergekommenem Zustand. Vor dem Bahnhofsgebäude, just dort, wo bis 1937 die Gleise der F.E.A.A. lagen, zeigt sich am 5. Juli 2007 ein Bus der heutigen Trentino Trasporti noch in blauer Lackierung.

11

Anschluss an die weite Welt

Die Tauferer Bahn

Mit Eröffnung der Kärntner-Pusterthaler Bahn im Jahr 1871 verstärkte sich auch der Wunsch diverser Komitees aus den Seitentälern des Pustertales nach einem Bahnanschluss an die weite Welt. Es waren Visionäre wie Hans Leiter aus Bruneck und Josef Beikircher aus Mühlen, die sich für die Errichtung einer Bahnverbindung von Bruneck ins Tauferer Tal stark machten. Für ihr Ansinnen gelang es ihnen, den Eisenbahnpionier Tirols – Josef Riehl – zu gewinnen und gemeinsam konnte man ein Projekt für eine normalspurige elektrische Eisenbahn von Bruneck ausgehend bis nach Sand in Taufers erarbeiten. Als direktes Vorbild der Tauferer Bahn diente dabei die am 18. Dezember 1905 eröffnete Montafonerbahn in Vorarlberg.

Nach kurzer Bauzeit konnte die 15,4 Kilometer lange Tauferer Bahn am 20. Juli 1908 feierlich dem Verkehr übergeben werden. Bereits kurz nach der Eröffnung wurden konkrete Pläne einer weiteren Etappe der Bahn Richtung Ahrntal erwogen, schließlich aber nicht mehr ausgeführt.

Die ersten rund 500 Meter der Bahnlinie zwischen Bruneck und der östlichen Seite der Brücke über die Ahr wurde als Gemeinschaftsstrecke mit der Kärntner-Pusterthalerbahn bedient. Die Bahn verfügte über einen ausgesprochen bescheidenen Fuhrpark mit nur zwei zweiachsigen Triebwagen, die nahezu baugleich zu den Triebwagen der Montafonerbahn waren, sowie zwei zweiachsigen Beiwagen.

Nach dem Ersten Weltkrieg ging die Betriebsführung an die F.S. über. Ab Mitte der 1920er-Jahre sanken die Frequenzen auf der Tauferer Bahn kontinuierlich, als teilweise parallel zur Bahnlinie sich eine Buslinie etabliert hatte. Die Bahn geriet damit etwas ins Abseits.

Da sich die F.S. mit dem Gedanken spielten, die Tauferer Bahn dem Zeitgeist entsprechend mit moderner Dieseltraktion zu betreiben, wurde Mitte der 1950er-Jahre der gesamte Oberbau entsprechend adaptiert und saniert. Es blieb aber bei einer Idee, denn ein Einsatz von Dieselfahrzeugen schien alles andere als einfach zu praktizieren und ebenso hatte sich mittlerweile eine Buslinie der Firma Oberhollenzer etabliert, die einen Weiterbetrieb der Tauferer Bahn fraglich erscheinen ließ. So trennte sich die F.S. von ihrem ungeliebten Stiefkind und legte die Tauferer Bahn mit 1. Februar 1957 still. Sämtliches Wagenmaterial wurde nach Meran überführt, wo es schließlich verschrottet wurde. Von der Bahn gibt es heute nur mehr wenige Spuren in der Landschaft, so etwa den Stationsunterstand von St. Georgen und das Gebäude der Umformerstation in Gais.

Zur Eröffnung wurden für die Tauferer Bahn die Triebwagen MBC 101 und 102 und die Beiwagen C 151 und 152 beschafft. Mit diesem bescheidenen Fuhrpark wurde in den 49 Jahren Betrieb der ganze Verkehr abgewickelt. 1908 zeigt sich im Bahnhof Sand in Taufers eine Garnitur aus Triebwagen und Beiwagen.

Kurz nach Verlassen von Sand sehen wir einen Triebwagen der Tauferer Bahn zusammen mit einem offenen Güterwagen auf dem Weg nach Bruneck. Die Tauferer Bahn verfügte über keine eigenen Güterwagen, es kamen aber diverse fremde Güterwagen im Durchlauf bis nach Sand. Im Bildhintergrund das Schloss Taufers am Beginn des Ahrntales.

In den 1950er-Jahren ging es im Bahnhof Bruneck noch beschaulich zu. Links steht im Juli 1956 eine abfahrtsbereite Garnitur der Tauferer Bahn, während im Hintergrund ein ALn 556 – in Südtirol landläufig als „Littorina“ bekannt – steht. Die Tauferer Bahn war immer elektrifiziert, die Pustertalbahn erst gut 30 Jahre nach dieser Aufnahme, seit 28. Mai 1989.

Bereits in der zweifärbigen Lackierung isabella-castania der F.S. zeigt sich Mitte der 1950erJahre eine abfahrtsbereite Garnitur der Tauferer Bahn im Bahnhof Campo Tures/Sand. Zwar wurde die Tauferer Bahn noch Mitte der 1950er-Jahre für einen Einsatz von Dieselfahrzeugen ertüchtigt, aber dennoch mit 1. Februar 1957 stillgelegt.

Aufgrund der frühen Stilllegung gibt es von der Tauferer Bahn kaum Farbfotos. Zwei Jahre vor Einstellung konnte Heinz Meyer aber noch einen Triebwagen mit einigen Güterwagen beim Verschub im Bahnhof Bruneck aufnehmen. Links im Hintergrund sehen wir eine Dampflokomotive der Reihe 740 auf der Pustertalbahn.

Nach Einstellung der Tauferer Bahn wurden die Fahrzeuge, die üblicherweise in der bis 1988 bestehenden hölzernen Remise im Bahnhof Bruneck hinterstellt waren, nach Meran zur Verschrottung überführt. Am 6. September 1958 sehen wir den RC 73000, den vormaligen C 151, im Bahnhof Meran abgestellt und auf sein weiteres Schicksal wartend.

12

La Ferrata Gherdeina

Von Klausen ins Grödental

Der Weg zu einer Eisenbahn ins Grödental – auch als Teil einer die Dolomiten querenden Bahn – gestaltete sich langwierig und beschwerlich. Zu divergierend waren die vielen Einzelinteressen diverser Proponentenkomitees. So bemühten sich sowohl Bozen als auch Waidbruck, Klausen und Brixen um den Ausgangspunkt einer Grödnerbahn.

Die Grödner selbst hatten ein Bahnkomitee einberufen, das sich unter der Leitung von Josef Rifesser für einen Bahnanschluss von St. Ulrich stark machte. So erschien im Jahr 1906 gar eine Broschüre für eine elektrische Lokalbahn, die nach dem Vorbild der Nordtiroler Stubaitalbahn errichtet werden sollte. Es blieb aber bei Visionen.

Erst die Unbillen des Ersten Weltkriegs brachten, diesmal unter anderen Vorzeichen, Schwung in das Projekt einer Grödnerbahn. Jetzt stand aus strategischen Interessen heraus die Ortschaft Klausen als Ausgangspunkt für eine möglichst kurze Verbindung außer Diskussion. Im September 1915 begannen die Bauarbeiten, die unter Heranziehung russischer Kriegsgefangener rasch vorangetrieben wurden. Anfänglich wurde die 31 Kilometer lange Trasse provisorisch mittels hölzerner Trestlework-Brückengerüste in rekordverdächtiger Zeit von nur fünf Monaten errichtet und am 6. Februar 1916 in Betrieb genommen. Der militärische Verkehr wurde mit diversen von der k. u. k. Heeresfeldbahnleitung zur Verfügung gestellten Schmalspurdampfloks aufgenommen. In der Folgezeit ersetzte man die Brückenprovisorien durch gemauerte bzw. betonierte Viadukte und baute die Grödnerbahn zu einer vollwertigen Schmalspurbahn aus.

Nach Übernahme durch die F.S. nahm die Grödnerbahn mit 1. Mai 1920 den Zivilverkehr auf. In der ersten Zeit war ein umfangreicher Verkehr aufgrund der spärlichen Ausstattung an Personenwagen schwierig. Durch die Einstellung der ebenfalls durch die F.S. betriebenen Lokalbahn Triest–Parenzo bot sich jedoch 1936 die Gelegenheit, einen Teil des Fuhrparks zu übernehmen. Zusammen mit in eigener Werkstätte gebauten Personenwagen entschärfte sich so die Situation. Die nach klassischem österreichischem Muster gebauten achtfenstrigen Parenzana-Wagen prägten die Grödnerbahn bis zu deren Einstellung.

Anfang der 1950er-Jahre gründete sich im Grödental ein Komitee mit dem Ziel, die Grödnerbahn zu privatisieren und einer umfangreichen Modernisierung inklusive Umspurung auf 950 Millimeter und Elektrifizierung zu unterziehen. Allen Plänen zum Trotz konnte die Grödnerbahn, die mittlerweile Wahrzeichen und Inbegriff einer ganzen Talschaft geworden war, nicht ihrem Schicksal entgehen. Zu Beginn der Touristensaison wurde sie am 29. Mai 1960 eingestellt, obwohl erst vier Tage zuvor die Lokomotive R 410 004 frisch revidiert aus dem F.S.-Werk Verona zurückgekehrt war. Der Großteil der Trasse wurde nach einigen Jahren Dornröschenschlaf für eine Zubringerstraße von der Autobahnabfahrt Klausen nach St. Ulrich herangezogen.

Mächtig dampfend fährt ein Zug der Grödnerbahn bestehend aus R 410 004 und fünf Wagen den Kehrviadukt in Klausen verlassend Richtung Plan. Rechts oben im Bild sehen wir eine weitere Dampflokomotive der F.S.-Reihe R 410 vor dem Heizhaus abgestellt. Der Kreisviadukt existiert noch heute als technisches Denkmal und Mahnmal einer verfehlten Verkehrspolitik.

Vor der prächtigen Kulisse der Ortschaft Klausen fährt ein Zug um 1950 Richtung Plan. Große Teile der Bahntrasse wurden nach Einstellung als direkte Talstraße vom Autobahnzubringer Klausen nach St. Ulrich zweckentfremdet. Die einst spektakuläre Trasse der Bahn kann man mit Ausnahme weniger Relikte nur mehr erahnen.

In den 1930er-Jahren fährt ein Zug der Grödnerbahn in den Tunnel beim Löchlgraben ein. Im Bildhintergrund überthront das Kloster Säben die Kulisse. Als glückliche Fügung ergab sich mit Einstellung der Bahn Triest–Parenzo zu Mitte der 1930er-Jahre die Übernahme einiger Personenwagen dieser altösterreichischen Lokalbahn für die Grödnerbahn.

Trotz der frühen Einstellung der Grödnerbahn im Jahr 1960 existieren einige Farbaufnahmen. Viele Eisenbahnfreunde wurden von der spektakulären Lokalbahn angezogen. Am 3. Juni 1958 bot sich im Bahnhof St. Ulrich mit seinem charakteristischen Bahnhofsgebäude diese liebliche Szenerie beim Wasserfassen.

Dampfend und rauchend fährt ein Zug der Grödnerbahn am 4. Juni 1958 direkt durch das Ortszentrum von St. Ulrich, um im nächsten Moment in den Pfarrhaustunnel einzufahren. Fritz Domesle hat dieses Spektakel auf Zelluloid bannen können. Heute unvorstellbar, findet man just an dieser Stelle noch einige Hinweise auf die Grödnerbahn.

Heute ist das Grödental eine der wichtigsten Skidestinationen in Südtirol. Zur Zeit dieser beeindruckenden Aufnahme aus den 1930er-Jahren war der Skisport gerade im Entstehen. Im tief verschneiten Bahnhof S. Christina fährt ein Zug unter größter Dampfentwicklung Richtung Plan aus. Links das charakteristische Bahnhofsgebäude.

Als beliebtes Fotomotiv galt der kleine Bahnhof in Wolkenstein vor der herrlichen Kulisse der Sellagruppe. Am 8. September 1958 fährt ein Zug mit R 410 001 und vier Wagen talauswärts Richtung Klausen. Zu dieser Zeit ahnte man noch nicht, dass die liebliche Bahn bereits knapp zwei Jahre später eingestellt werden würde.

Endstation Plan im Grödental am 25. August 1959, wenige Monate vor Einstellung der Bahn. Ein Arbeitszug mit R 410 004, drei Güterwagen und einem Begleitwagen ist soeben in Plan angekommen und wartet auf das Umsetzen. Die große Fläche stammt noch aus dem Ersten Weltkrieg, als hier ein zentraler Umschlagplatz für die Frontversorgung war.

Ein trauriger Anblick: Abgestellt warten diverse Personen-, Gepäck- und Güterwagen im September 1960 im Bahnhof Klausen der Grödnerbahn auf ihre Verschrottung. Der die Szenerie alles überthronende Kreisviadukt steht heute noch unverändert und es gibt ab und an sogar Pläne zur Neuerrichtung einer Grödnerbahn.

Dank Initiative der Grödner konnte mit der R 410 004 eine der bekannten Dampflokomotiven mit Klien-Lindner-Hohlachsen erhalten werden. Sie steht heute direkt im Ortszentrum von St. Ulrich als Denkmal. Es wäre wünschenswert, dass diesem bedeutenden Technikzeugnis beizeiten eine geschützte Unterstellung ermöglicht wird.

13

Im Banne der Drei Zinnen

Die Dolomitenbahn

Bereits im Zuge der Eröffnung der Pustertalbahn gab es erste Projekte einer Pferdeeisenbahn von Toblach nach Anpezo (heute: Cortina). Der Mythos Dolomiten zog in der Folge immer mehr zahlungswillige Touristen an, weshalb diverse Projekte einer die Dolomiten querenden Bahn oder Straße reiften. Besondere Aufmerksamkeit erregte dabei das Projekt von Josef Riehl, der eine Bahn von Bozen über Cortina bis Toblach vorsah – eine Alpenbahn ersten Ranges.

Zu ambitioniert schienen aber wegen der überbordenden Kosten die Visionen und Ideen zu sein. Wie auch bei den anderen die Dolomiten berührenden Bahnen war schließlich der Krieg Vater aller Dinge und so bewirkte die Dolomitenfront ab 1915 den raschen Bau einer Feldbahnverbindung zwischen Niederdorf und dem Fort Landro. Im Laufe des Krieges wurde diese einfache Bahnverbindung ausgebaut und letztlich war zu Ende des Ersten Weltkrieges eine mehr oder minder fertige schmalspurige Eisenbahnverbindung zwischen Toblach und Calalzo entstanden.

Nach dem Ersten Weltkrieg ging man umgehend daran, mit Hilfe österreichischer Reparationsleistungen unter teilweiser Verwendung der vorhandenen Trassen eine über 64 Kilometer lange, durchgehende Eisenbahnverbindung Toblach–Calalzo, diesmal mit 950 Millimetern Spurweite, zu errichten, die am 15. Juni 1921 feierlich eingeweiht wurde.

Die neue Eisenbahnverbindung wurde bald, als Lebensnerv für den aufstrebenden Wintersportort Cortina, „Opfer ihres eigenen Erfolges“: Sie wurde zur Gänze nach modernen Maßstäben mit 2.700 Volt elektrifiziert. Die sechs neuen azurblau-weißen Triebwagen, die zehn modernen vierachsigen Beiwagen und die zwei Gepäcklokomotiven waren der ganze Stolz der damals noch jungen Società Ferrovia elettrica delle Dolomiti (SFD), als am 1. August 1929 der elektrische Betrieb aufgenommen wurde.

Noch im Vorfeld der Olympischen Winterspiele 1956 in Cortina wurden zur Verstärkung zwei moderne achtachsige Gelenktriebwagen beschafft und die Bahnanlagen für den erwarteten Ansturm adaptiert. Doch der Fortschrittsglaube an den modernen Bus, Misswirtschaft und Vernachlässigung der Bahnanlagen führten nur wenige Jahre nach der Modernisierung zu einem rasanten Niedergang: Der traditionell schwächere Nordast Cortina–Toblach wurde mit 13. März 1962, der Südast mit 17. Mai 1964 stillgelegt. Was bleibt, ist eine beeindruckende Trasse, die in der Liga der spektakulärsten Alpenbahnen mitspielen konnte. Die Dolomitenregion hat damit aber eines ihrer Wahrzeichen verloren, wiewohl immer wieder Gedanken an eine Wiedererrichtung der Bahn gehegt werden.

Von 1919 bis 1921 konnte die als Militärfeldbahn errichtete Dolomitenbahn unter Zuhilfenahme österreichischer Reparationsleistungen als zivile Lokalbahn in weiten Teilen neu errichtet werden. Am 15. Juni 1921 wurde die Trasse zwischen Calalzo Alto und Toblach in Betrieb genommen. Hier der Eröffnungszug im Bahnhof Calalzo Alto.

Entlang der Bahnlinie wurden teils sehr schmucke Bahnhofsgebäude, die den touristischen Charakter der Dolomitenbahn herausstreichen sollten, erbaut. Noch vor Inbetriebnahme sehen wir den im Stile einer Alpenvilla errichteten Bahnhof San Vito di Cadore mit der Tofana im Hintergrund.

Als Prestigeobjekt der aufblühenden Gemeinden rund um Cortina d'Ampezzo begann man nur sechs Jahre nach ihrer zivilen Eröffnung damit, die Dolomitenbahn zu elektrifizieren. Man nutzte das damals moderne Stromsystem von 2.700 Volt Gleichstrom. In Schluderbach (Misurina/Carbonin) zeigt sich 1929 eine der modernen Garnituren.

Trotz Modernisierung im Vorfeld der Olympischen Winterspiele 1956 wurde die Dolomitenbahn in der Folge wieder vernachlässigt. Zwei Jahre vor Einstellung des Nordastes zeigt sich am 10. Juli 1960 der Triebwagen 006 mit seinem gemischten Zug im SFD-Bahnhof Toblach, der am Bahnhofsvorplatz des F.S.-Bahnhofes Toblach angelegt war.

Neben den sechs Personentriebwagen 001 bis 006 wurden 1929 auch zwei Gepäcktriebwagen mit den Nummern 101 und 102 beschafft. Sie dienten für Güter- und Arbeitszüge sowie als starke Fahrzeuge für Schneeräumfahrten. Am 10. Juli 1960 ist Gepäcktriebwagen Nr. 101 im Bahnhof Cortina abgestellt.

Am 10. Juli 1960 fährt Triebwagen 006 zusammen mit seinen Wagen von Calalzo kommend über den Steinviadukt in Cortina d'Ampezzo, der unmittelbar an die Südausfahrt des Bahnhofes Cortina anschließt. Die Bahn wirkte zu dieser Zeit durchwegs noch zeitgemäß, musste aber nur vier Jahre später dem angeblichen Fortschritt weichen.

Auch die Dolomitenbahn konnte trotz ihres frühen Endes noch in Farbe dokumentiert werden. Obwohl am traditionell schwächeren Nordabschnitt ein ausgedünnterer Fahrplan galt, konnte Francesco Pozzato 1955 nahe Toblach eine Richtung Cortina fahrende Garnitur festhalten. Schön anzusehen war dabei die weiß-azurblaue Lackierung des Wagenparks.

Der Klassiker der Dolomitenbahn schlechthin und unverkennbar der beliebteste Anblick war der Dürrensee mit dem Monte Cristallo im Hintergrund. 1954 fährt ein von Cortina kommender Zug zwischen See und Straße Richtung Toblach. Eine Touristenbahn ersten Ranges!

Stolz zeigt sich am 7. September 1958 einer der damals noch recht neuen Triebwagen im Bahnhof Cortina. Mit den beiden Triebwagen 007 und 008, die für den Olympiaverkehr 1956 beschafft wurden, erscheint die Dolomitenbahn gegen Ende ihres Betriebes sehr modern. Es bleibt unverständlich, warum man eine solche Bahn so verlottern ließ, dass sie schließlich kurze Zeit später eingestellt wurde.

14

Von Südtirol ins Trentino

Die Fleimstalbahn

Bereits Ende des 19. Jahrhunderts gab es parallel zwei unterschiedliche Projekte zur eisenbahntechnischen Erschließung des Fleimstales. Es entbrannte in der Folge ein Lokalbahnstreit zwischen Bozen und Trient und damit auch um die Einflussnahme beider Städte auf das Bahnprojekt, der den damals aufschwelenden Nationalitätenkonflikt im südlichen Tirol deutlich aufzeigte. Bis zum Ausbruch des Ersten Weltkrieges kam es mangels Finanzierung und letztlicher Einigung auf die Trasse nicht zum Bau der Bahnlinie.

Wie auch bei der Grödnerbahn und der Dolomitenbahn waren es die Auswirkungen des Ersten Weltkrieges, die ein rasches Zustandekommen der Fleimstalbahn ermöglichen sollten. Als einzige der Kriegsbahnen wurde sie von Anfang an ohne große Provisorien errichtet. Im Frühjahr 1916 starteten die Arbeiten am ersten Abschnitt Auer–Castello, der bereits zwischen März und April 1917 in zwei Etappen in Betrieb genommen werden konnte. Am 18. Jänner 1918 erreichte schließlich der erste Zug den provisorischen Bahnhof Predazzo Süd und etwas mehr als ein Jahr später am 1. Februar 1919 war die Linie bis Predazzo Centro vollendet. Am selben Tag nahm die F.S. auch den anfangs bescheidenen Regelbetrieb auf der mit 760 Millimetern Spurweite versehenen Fleimstalbahn auf. Die 50,5 Kilometer lange Fleimstalbahn war damit – zwar reichlich spät, aber doch – vollendet worden, wenn auch letztlich nicht mehr zu dem Zweck, der beim Baubeginn Pate gestanden hatte.

Der unbefriedigende Zustand eines hohen Betriebsabganges bei einem sehr dünnen Fahrplan bewegte die F.S., die Magnifica Comunità Val di Fiemme (Großgemeinde Fleims) zu einer Privatisierung der Fleimstalbahn zu drängen. Diese gründete zusammen mit der Società Trentina d'Elettricità (STE) die Ferrovia elettrica Val di Fiemme (FEVF) und erarbeitete eine Modernisierung, die eine komplette Umspurung von bosnischer Spurweite auf Meterspur sowie eine Elektrifizierung nach damals modernsten Maßstäben vorsah. Die dampfbetriebene Fleimstalbahn wurde mit 1. Jänner 1928 stillgelegt. Binnen knapp zwei Jahren gelang die gesamte Modernisierung. Am 28. Oktober 1929 konnte die frisch elektrifizierte Fleimstalbahn ihren Betrieb aufnehmen – mit einem nach modernsten italienischen Baunormen gebauten Wagenpark, an dem das Wappen der Magnifica Comunità Val di Fiemme prangte.

Obwohl die Fleimstalbahn bis 1953 unter Einrechnung staatlicher Unterstützung positiv bilanzierte, sank der Stern der Bahnlinie mit Übernahme durch den neuen Betreiber F.E.A.R. im Jahre 1956. Bereits ein Jahr später wurde die Umstellung der damals noch modernen Fleimstalbahn auf Autobusse für das Jahr 1960 beschlossen, die aufgrund von Lieferverzögerungen aber bis Anfang 1963 dauerte. Am 10. Jänner 1963 schließlich verkehrten die letzten Züge auf dieser beeindruckenden Bahnlinie.

Für den Betrieb der Fleimstalbahn wurden Mallet-Dampflokomotiven bei der Firma Henschel & Sohn in Kassel gebaut, mit denen nach Ende der Kriegshandlungen ab 1. Februar 1919 auch der Zivilverkehr aufgenommen wurde. Eine Garnitur mit einer Henschel-Dampflok fährt von Predazzo kommend um 1920 in den Bahnhof Auer ein.

Noch zu Zeiten des Dampfbetriebes zeigt sich Mitte der 1920er-Jahre die Station San Lugano der Fleimstalbahn. Rechts, auf Höhe der beiden offenen Güterwagen, entstand 1928/29 sodann die Umformerstation für die elektrifizierte Fleimstalbahn in monumentaler Bauweise. Mit diesem Bahnhof war auch der Scheitelpunkt der Bahn erreicht.

In den letzten Betriebsjahren präsentiert sich eine der elektrischen Garnituren der Fleimstalbahn abfahrtsbereit Richtung Predazzo im Bahnhof Auer. Charakteristisch waren sowohl die Beton-Rundrohrmasten, die sich teilweise heute noch entlang der Strecke befinden, als auch die nach dem Zweiten Weltkrieg verwendete himmelblau-graue Lackierung.

Völlig heruntergekommen zeigen sich die Gleisanlagen des Bahnhofes Montan, als Triebwagen A2 mit einem großen Beiwagen der Fleimstalbahn am 2. Juli 1960 einfährt. Zu diesem Zeitpunkt war das Ende der Fleimstalbahn eigentlich schon beschlossen, wären die dafür nötigen Busse schon ausgeliefert gewesen. So blieben drei „Gnadenjahre“ mehr für die Bahn.

Die Fleimstalbahn beeindruckte mit grandiosen Brückenbauwerken, wie der Avisobrücke in Cavalese oder, wie hier abgebildet, dem Glener Viadukt. Kurz nach der Elektrifizierung zeigt sich ein Zug von Auer kommend am Glener Viadukt. Die Fahrzeuge tragen noch die ursprüngliche weinrot-creme Lackierung mit Wappen der Großgemeinde Fleims.

Reger Andrang herrscht Anfang der 1950er-Jahre im Bahnhof Cavalese. Eine von Predazzo eingefahrene Garnitur wartet vor der Ortskulisse von Cavalese, das in einer Schleifenentwicklung umfahren wurde, auf die Weiterfahrt nach Auer. Zu sehen sind zwei Beiwagen, links ein kleiner der Serie 103-106, rechts ein großer der Serie 101-102.

Am 15. Juni 1955 sehen wir den Gepäcktriebwagen B51 mit einem Beiwagen im Bahnhof Predazzo auf die Abfahrt Richtung Auer wartend. Neben den drei Personentriebwagen A1, A2 und A3 wurden auch zwei Gepäcktriebwagen mit den Nummern B51 und B52 beschafft. Ersterer ist heute historisches Fahrzeug bei der Ferrovia Trento–Malè.

Das Ende ist gekommen. Nachdem die Fleimstalbahn am 10. Jänner 1963 bereits eingestellt worden war, konnte das Wagenmaterial teilweise verkauft werden. Am 28. August 1963 erfolgte die Verladung der Triebwagen, Personenwagen und einiger Güterwagen an die Ferrovia Genua–Casella. Im Bild B52, A1 und einer der großen Personenwagen.

Wenige Jahre nach der Einstellung steht am 17. Juni 1970 ein Bus Richtung Predazzo vor dem alten FEVF-Bahnhofsgebäude in Auer. Durch den Einfluss der F.E.A.R. mussten Anfang der 1960er-Jahre leider nahezu alle Bahnen in deren Nahbereich in kürzester Zeit dem „Fortschritt“ weichen. Nur die Rittnerbahn blieb, wie durch ein Wunder, erhalten.

Im Jahre 2014 sind große Teile der Trasse der Fleimstalbahn noch vorhanden und können einfach begangen werden. Weit ersichtliches Relikt der Fleimstalbahn ist der Glener Viadukt, der sich mittlerweile etwas verwachsen, wie diese Aufnahme vom 14. Juli 2007 zeigt, präsentiert.

Lokalbahnen im südlichen Tirol – eine aktuelle Bestandsaufnahme

Das südliche Tirol war einst ein mit diversen Lokalbahnen gesegneter Landstrich. Diese Bahnen, die aus den verschiedenen Initiativen und Motivationen heraus errichtet wurden, zeichneten sich allesamt im Laufe ihres Lebens als Tourismusmotor der durchfahrenen Region heraus, was nicht zuletzt auf den vielen Postkarten manifestiert wurde, die zu den Lokalbahnen im südlichen Tirol erschienen sind. Sie waren Botschafter ihrer Region.

Leider sind die Lokalbahnen auch das plakative Beispiel einer verfehlten, von Einzelinteressen betriebenen Verkehrspolitik, die vor allem in den romanischen Ländern im Zeitraum zwischen 1950 und 1970 ganze Landstriche von gewachsener Eisenbahnstruktur „befreite". Unter dem Einfluss von Autobusindustrie und Ölindustrie, der gerade im südlichen Tirol abstruse Auswüchse auf das Bahnwesen erreichte, mussten nicht nur liebliche und etwas altmodische, sondern auch moderne und unvergleichliche Bahnen binnen eines knappen Jahrzehnts dem angeblichen Fortschritt Platz machen.

Das Fehlen dieser Infrastruktur beförderte viele Talschaften nach dem Verlust ihrer Bahnen in eine verkehrstechnische Isolation und konfrontierte sie mit Verkehrsproblemen, die heute, Jahrzehnte nach der Einstellung der Bahn, einer aktuellen Lösung harren. Oft genug denkt man über den Neuaufbau einer Bahninfrastruktur nach.

Die wenigen Bahnen, die diese schwierigen Zeiten überleben konnten, zeigen sich heute als beeindruckende moderne Vorreiter des öffentlichen Personennahverkehrs. Herausragende Beispiele, wie die Ferrovia Trento–Malè, die wohl besser als Etschtal-Nonstal-Tonale-Bahn firmieren müsste, oder die neue Vinschgerbahn, die seit 2005 moderner Lebensnerv einer ganzen Talschaft ist, zeigen den Weg einer zeitgemäßen, klimaneutralen Verkehrspolitik vor. Letztlich auch die Rittnerbahn – beachtenswertes Eisenbahnjuwel der belle époque – hat den Weg in die Zukunft gefunden, präsentiert sich als modernes und zugleich historisches Technikjuwel und findet den Spagat zwischen Tradition und Moderne.

Viele weitere Bahnprojekte einst blühender Eisenbahnlandschaften geistern heute immer wieder durch die Tagespresse. Es bleibt zu hoffen, dass es der einen oder anderen Region im südlichen Tirol vergönnt sein mag, losgelöst von Interessen diverser nicht durchschaubarer Seilschaften, zu modernen und zeitgemäßen Eisenbahnanschlüssen abseits abstruser und nicht praktikabler Verkehrsprojekte zu kommen. Was die einstige Lokalbahnromantik im südlichen Tirol betrifft, bleibt die Erinnerung, der mit diesem Buch ein bleibendes Denkmal geschaffen werden soll.

Liste der Lokalbahnen im südlichen Tirol (1881–2014)

Bezeichnung	Streckenführung	Eröffnung	Länge in km	Traktionsart	Spurweite	Einstellung
Bozen-Meraner- Bahn	Bozen–Meran	04. Okt. 1881	30,9	1881–1934 Dampf 1934–1952 3.700 Volt ~ 16,7 Hz ab 1952 3000 Volt =	1.435 mm	
Lokalbahn Mori–Arco–Riva	(Rovereto–) Mori–Arco–Riva	28. Juni 1891	24,2 (ab 1925: 28,5)	Dampf	760 mm	21. Oktober 1936
Valsuganabahn	Trient–Tezze (–Venedig)	26. April 1896	63,2	Dampf/Diesel	1.435 mm	
Überetscherbahn	Bozen–Kaltern	01. Dez. 1898	15,0 (davon 4,4 km Péagestrecke)	1898–1911 Dampf 1911–1963 1200 Volt = 1963–1971 Diesel	1.435 mm	Personenverkehr 01. Aug. 1963 Güterverkehr 01. Mai 1971
Mendelbahn (Adhäsionsbahn)	Kaltern–St. Anton	19. Okt. 1903	2,2	1903–1911 700 Volt = 1911–1963 1200 Volt =	1.435 mm	01. August 1963
Vinschgerbahn	Meran–Mals	01. Juli 1906	59,8	Dampf/Diesel	1.435 mm	02. Juni 1991 Wiedereröffnung 05. Mai 2005
Lokalbahn Lana–Meran	Meran–Lana	11. Aug. 1906	7,5	600 Volt =	1.000 mm	08. Mai 1950
Ferrovia della Retta	Mezzocorona–Mezzolombardo	05. Aug. 1906	2,9	Dampf/Diesel	1.435 mm	1964/1993
Rittnerbahn	Bozen–Klobenstein	13. Aug. 1907	11,75 (1907–1966) 6,8 (1966–heute)	750 Volt = Heute: 900 Volt =	1.000 mm	Strecke Bozen–Maria Himmelfahrt 15. August 1966
Meraner Straßenbahn	Bahnhof–Sandplatz Sandplatz–Obermais Theaterplatz–Algund–Forst	09. Mai 1908 10. Okt. 1908 09. Mai 1908	2,5 3,5	750 Volt =	1.000 mm	24. Mai 1956
Tauferer Bahn	Bruneck–Sand in Taufers	20. Juli 1908	15,4	800 Volt =	1.435 mm	01. Feb. 1957
Ferrovia Trento–Malè (FTM)	Trient–Malè–Marilleva	11. Okt. 1909 Verlängerung Malè–Marilleva 04. Mai 2003	59,6 (ab 1909) 55,7 (ab 1961) 56,1 (ab 1995) 65,1 (ab 2003)	1909–1964 750 Volt = ab 1964 3000 Volt =	1.000 mm	
Bozner Straßenbahn	Bozen–Gries Bozen–St. Jakob St. Jakob– Leifers	01. Juli 1909 01. Jänner 1914 26. Juli 1931	3,2 6,7 2,1	750 Volt =	1.000 mm	23. Dez. 1948

Lokalbahn Lana–Burgstall	Lana/Burgstall–Oberlana	13. Dez. 1913	4,4	750 Volt =	1.435 mm	Personenverkehr 25.07.1959 Güterverkehr 31.03.1974
Grödnerbahn	Klausen–Plan	06. Feb.1916 (Militärverkehr) 01. Mai 1920 (Zivilverkehr)	31,4	Dampf	760 mm	29. Mai 1960
Fleimstalbahn	Auer–Cavalese–Predazzo	18. Jänner 1918 (Militärverkehr) 01. Feb.1919 (Zivilverkehr)	50,5	1918–1929 Dampf 1929–1963 2600 Volt =	1918–1928 760 mm 1929–1963 1.000 mm	10. Jänner 1963
Dolomitenbahn	Toblach–Cortina–Calalzo	1915–1918 (Militärverkehr) 15. Juni 1921 (Zivilverkehr)	64,9	1917–1929 Dampf 1929–1964 2700 Volt =	1921–1964 950 mm	Nordast: 23. März 1962 Südast: 17. Mai 1964

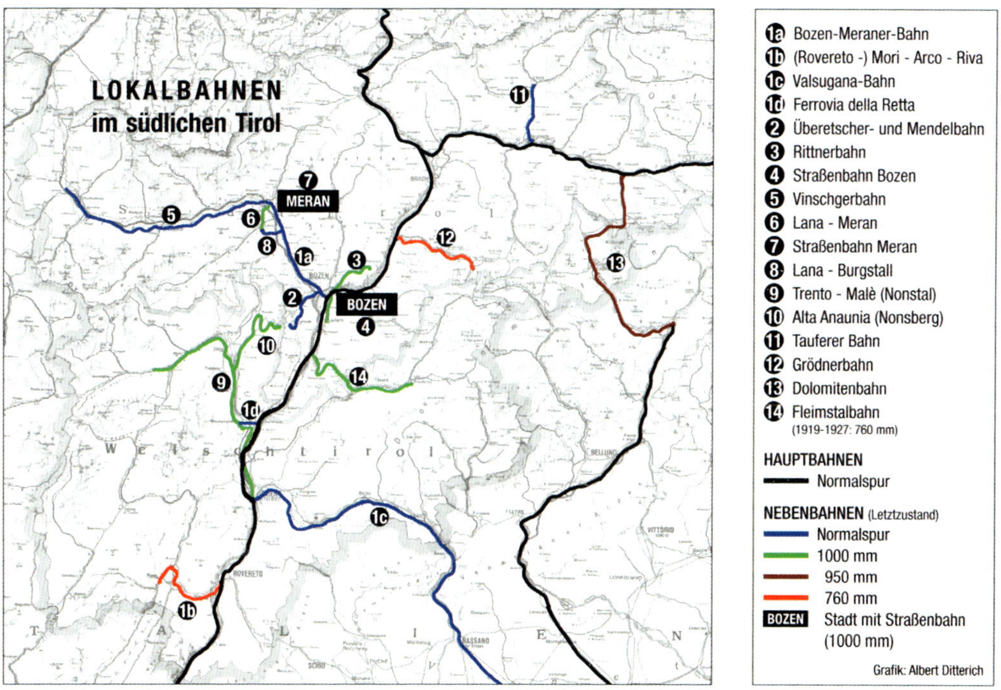

Eine Übersichtskarte der Lokalbahnen im südlichen Tirol. Die Bahnen sind zur einfacheren Zuordnung entsprechend den jeweiligen Kapiteln nummeriert. Durch unterschiedliche Farbgebung sind die verschiedenen Spurweiten erkenntlich gemacht.

Buchhinweise

Eisenbahnen in Tirol

150 Jahre Eisenbahnen in Tirol

Günter Denoth

ISBN: 978-3-86680-361-9

18,90 € [A]

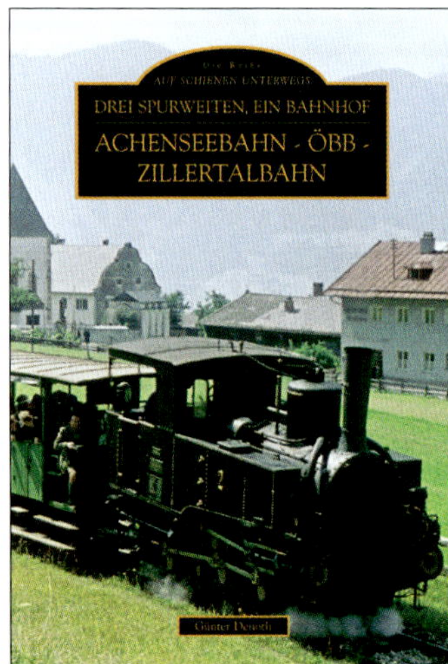

Drei Spurweiten, ein Bahnhof

Achenseebahn – ÖBB – Zillertalbahn

Günter Denoth

ISBN: 978-3-86680-858-4

19,95 € [A]

125 Jahre Arlbergbahn

Günter Denoth, Martin Fritz, Michael Laublättner, Christof Thöny

ISBN: 978-3-86680-444-9

18,90 € [A]

Weitere Bücher finden Sie unter:

www.suttonverlag.at